農福連携が農業と地域をおもしろくする

吉田 行郷
里見 喜久夫
季刊『コトノネ』編集部

コトノネ

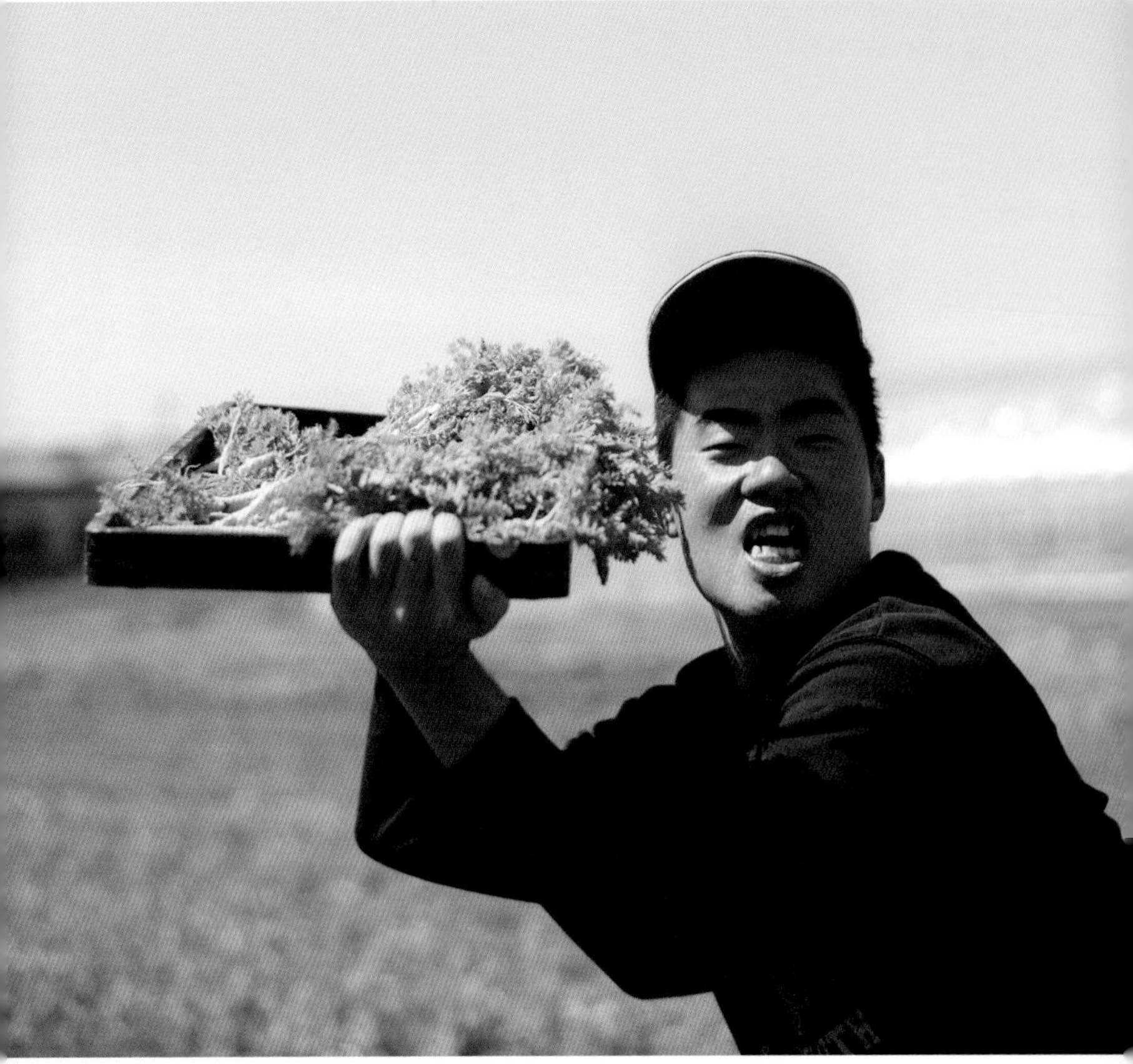

カメラを向けると、ポーズをとった。
青年を見ているだけでワクワクする
（滋賀県・NPO法人縁活　おもや）

東日本大震災の翌年、福島県白河の農業は、
土地をはぎ取ることからはじまった
（福島県・社会福祉法人こころん）

右は、田んぼの溝掘り名人。
農業は、誰にも一芸を与えてくれる
（広島県・社会福祉法人「ゼノ」少年牧場）

旗を立て、そろいのTシャツが
田んぼにならんだ。
企業の社員家族も参加して、障害者と田植え
（群馬県・社会福祉法人ゆずりは会「菜の花」）

日本の農業を代表する北海道で、
「ロスのない農業」を目指す
（北海道・NPO法人手と手　みのり彩園）

五〇〇戸の高齢者と、
二〇〇カ所の小さな耕作放棄地を集めて、
小さな農業は未来の農業
（愛媛県・百姓百品グループ）

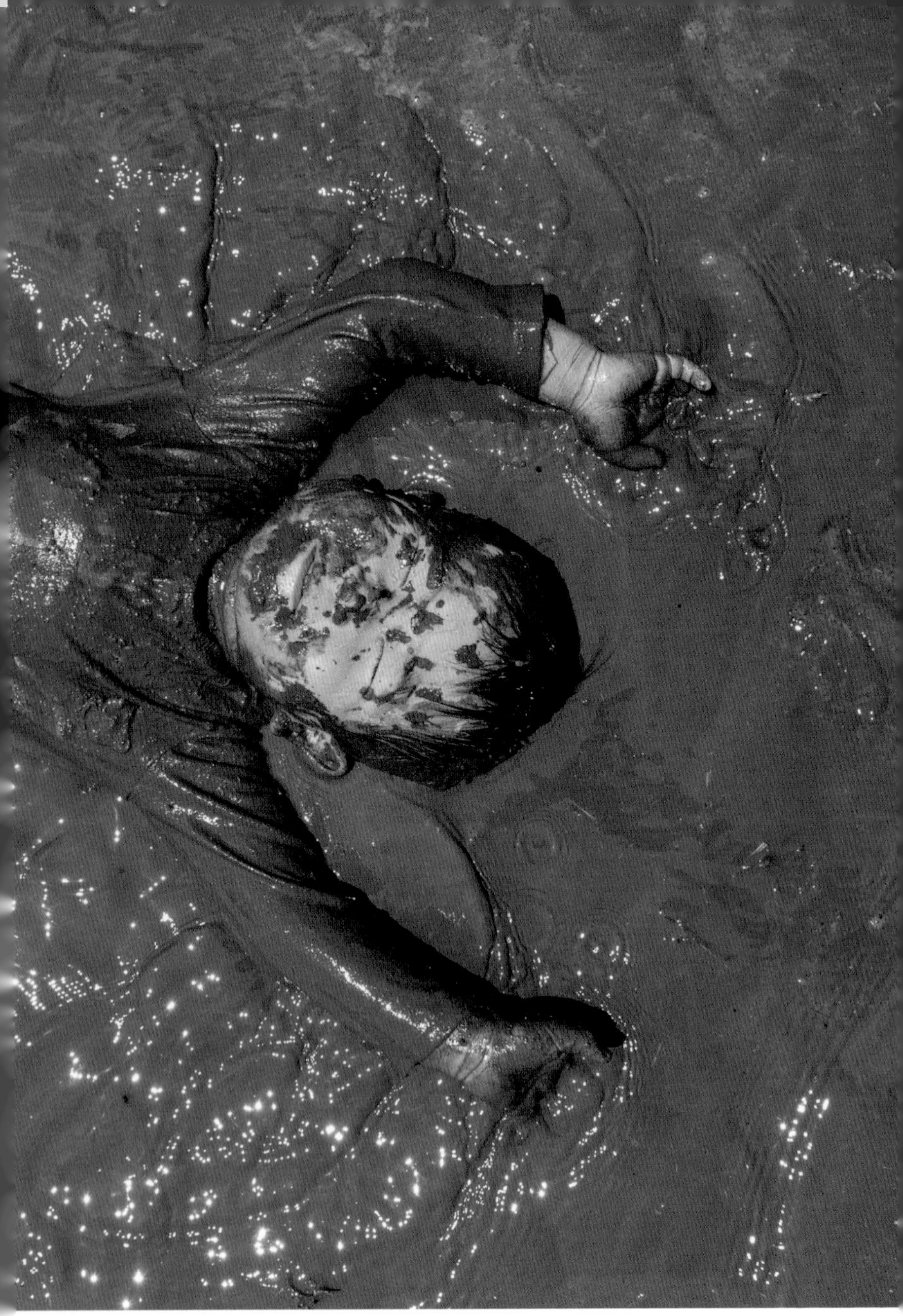

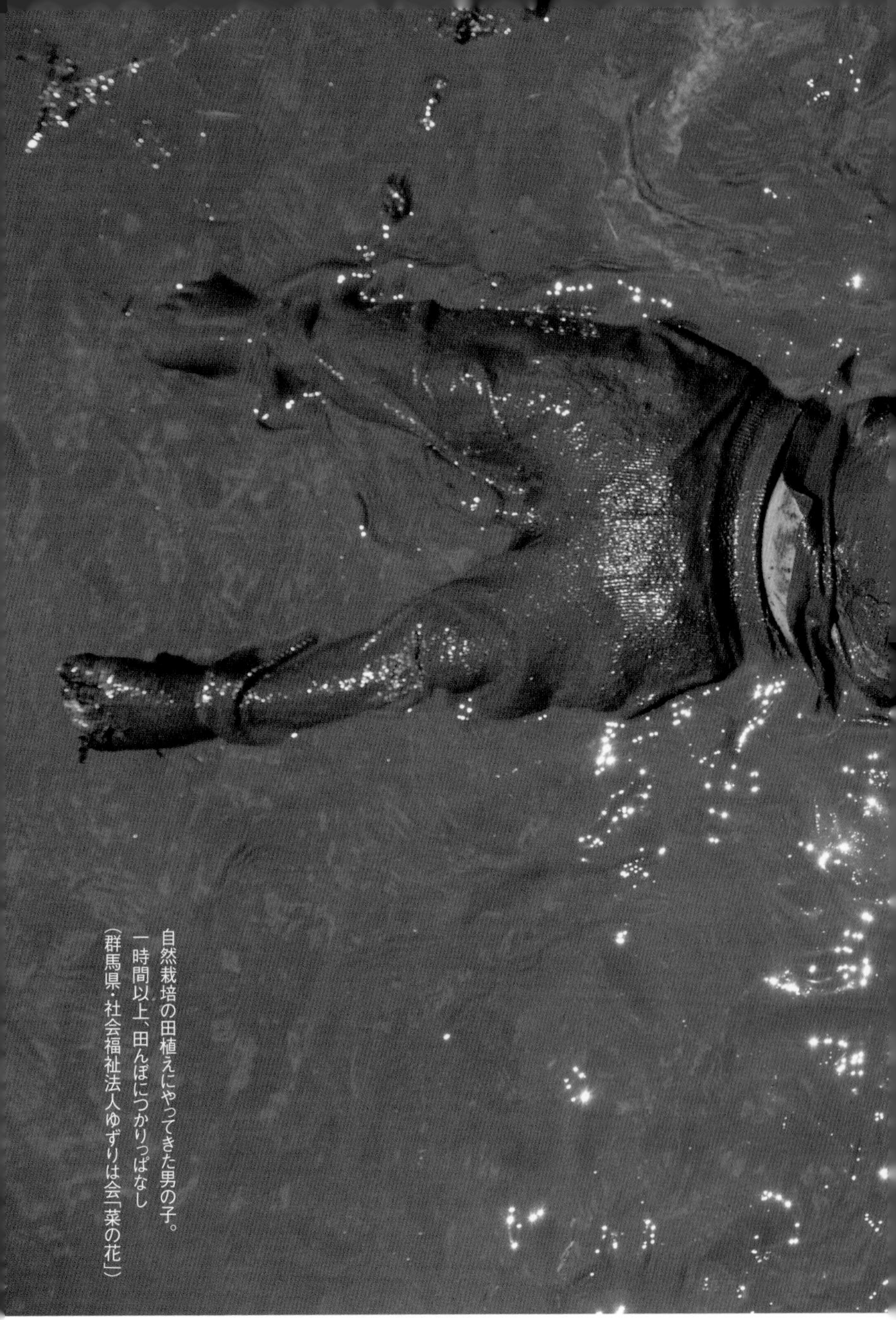

自然栽培の田植えにやってきた男の子。
一時間以上、田んぼにつかりっぱなし
（群馬県・社会福祉法人ゆずりは会「菜の花」）

ニワトリをさばいて、タマゴも取り出して。
食育にもなる子ども食堂
(鹿児島県・企業組合労協センター事業団
国分地域福祉事業所ほのぼの)

肥料・農薬・除草剤なしでも、一二月に立派に
育ったイチゴ。丸かじりしてもいい
（愛知県・社会福祉法人無門福祉会）

農家も障害者施設もいっしょになって
はざかけで天日干し。人手に困らない強み
（石川県・社会福祉法人つばさの会）

農福連携が
農業と地域を
おもしろくする

はじめに

吉田 行郷

近年、「農福連携」と呼ばれている農業サイドと福祉サイドが連携して農業分野で障害者の働く場をつくろうとする取り組みが増加してきています。二〇〇七年頃から、この分野での研究を始めた者としては大変、感慨深く感じています。当時は、「農福連携」という言葉もなく、私が、「こういう動きが出てきているから、是非、研究で取り組ませて欲しい」と言っても首を傾げる人が多い時代でした。中には、「そんなニッチな分野の研究をして何か役に立つことがあるのか」と言われる方もおられました。確かに、私自身も、農業に取り組んでいる神奈川県横浜市の「社会福祉法人グリーン」を特集したＮＨＫの番組「福祉ネットワーク」を見て、初めてそうした取り組みが行われていることを知ったぐらいですから無理もありません。

しかし、この番組を見ることで、その取り組みの素晴らしさに感銘を受け、農業と障害のある方々との相性の良さを実感することができました。この出会いがなければ、農福連携の取り組みが、当時、衰退しつつあった日本の農業に一つの光明となるとは確信できなかったですし、私がこの本に文章を書くこともなかったと思います。

そして、この番組を見たあと、「こうした素晴らしい取り組みがあることを多くの人達に知ってもらいたい。こうした取り組みをもっともっと増やしたい」。そう思ったのが、農福連携についての研究を始める動機となりました。具体的にどう取り組んでいったらいいのか、取り組みが上手くいくとどのようにいいことが起こるのか、研究を行うことでそれを明らかにして、多くの人達に知ってもらいたいと思いました。その想いが、今日でも各地を飛び回って調査を行ったり、講演を行ったりする原動力になっています。

そして、二〇〇七年頃から研究を続けてきたことで見えてきたこともあります。学術的な発見は、既に論文にしていくつか学会に報告させていただきました。私が所属している農林水産政策研究所からは、現時点で、農福連携についての審査を経た学術論文を七本、世に送り出すことができました。

それだけでなく、まさに今、農福連携に取り組まれている、あるいはこれから取り組もうとされている関係者の皆さん、農福連携に関心を持ち応援したいと考えている皆さん、そういう方々にもお伝えしたいことが頭の中でまとまりつつあり、ちょうどそのことをどこかでしっかり書いて後世に残せたらいいなと思っていたところに、『コトノネ』の里見喜久夫編集長から、この本の企画にお誘いいただきました。

後ほど本編でその理由を紹介しますが、農福連携の全体の動向を後から振り返った時、平成から令和に元号が変わった二〇一九年という年は、きっと大きな節目の年になることでしょう。そして、本書の後半で紹介されている農福連携の流れの中から生まれてきた「自然栽培パーティ」のムーブメントにとっても、同じように節目の時になっているのではないかと思っています。

そんな年に、農福連携のこれまでを総括し、これからを展望する、そして『コトノネ』がこれまで紹介してきた農福連携と自然栽培パーティについて、『コトノネ』独自の視点で総括し、これからを展望する本書が取りまとめられたことの意義はとても大きいと思っています。

この本を手に取られた皆さんの背中を少しでも押せたらという想いで、私も里見編集長も、この本を書きました。座談会に登場する「社会福祉法人無門福祉会」の磯部竜太さんも、「ＮＰＯ法人縁活おもや」の杉田健一さんもきっと同じ想いを抱いていることと思います。

読者の皆さんの少しでもお役に立てれば幸いです。

目次

農福連携が農業と地域をおもしろくする

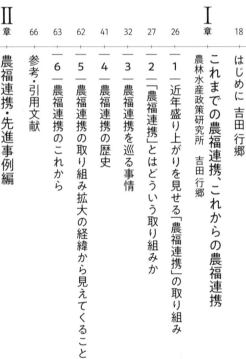

I章

これまでの農福連携、これからの農福連携

農林水産政策研究所　吉田 行郷

1 近年盛り上がりを見せる「農福連携」の取り組み

まだ、「農福連携」という言葉がない時代から、既に各地に素晴らしい先進的な取り組みがあったが、それらの多くは点的な取り組みであった。後ほど紹介するが、唯一、先進地の一つ岡山県岡山市で模範事例を真似て後続の事例が出てくるといういわゆる横展開が見られていた。それが、二〇一〇年代に入ると、全国各地で取り組みが行われるようになり、その数が増え続けている。近年になると、先進的な取り組みを参考にした横展開も少しずつ増え始めた。そして、最近では、「農福連携」という言葉も定着し、それが新聞やテレビでも取り上げられるようになり、注目度は格段に上がってきている。

政府でも、こうした流れをさらに拡大させていこうと、二〇一九年四月には、農林水産省や厚生労働省などの関係省庁で構成される「農福連携等推進会議」が設置され、マスコミ等からも注目を集めた。それまでは農林水産省と厚生労働省の二省庁体制であったのが、法務省、文部科学省も加わった四省庁体制になったことも特筆すべきことである。

全国的な動きとしても、二〇一八年一一月に「一般社団法人日本農福連携協会」が設立され、また、都道府県でも二〇一七年七月に「農福連携全国都道府県ネットワーク」が設立され、それぞれ農福連携の推進に取り組んでいる。後ほど紹介する「自然栽培パーティ」も、二〇一五年の設立時に参加したのは五事業所であったが、設立から五年を経て会員は一〇〇事業所を超えた。

こうした農福連携が拡大する流れがどうしてできてきたのか。そして、これから農福連携はどうなっていくのか。二〇〇七年から現場を見続けてきた私の経験から分かることもあるが、先駆者の皆さんによる取り組みの過去からの流れを通じて見えてくることの方が多いように感じている。

本章では、先進的な事例も紹介しながら、その背景にある農福連携が拡大してきた要因、関係者の想いを浮き彫りにしつつ、これまでの農福連携の歴史的な流れを整理し、その上で、今後、農福連携が、どのように展開されていくのか考えてみたい。

2 「農福連携」とはどういう取り組みか

(1) 「農福連携」の語源

「農福連携」については、その言葉を使っている主体によって色々な定義がされており、決定版というものがないように見える。言葉の意味から考えると、農業サイドと福祉サイドが連携して農業分野で障害者の働く場をつくろうとする取り組みなので、そうした取り組みを「農福連携」と呼びだしたのが始まりではないかと考えている。

地域によっては、社会福祉法人やＮＰＯ法人から「施設外就労」の形で障害者が農家で農作業の手伝いをする動きのみを、そう呼んでいるケースもあるようだ。私自身は、社会福祉法人等が自ら農業を行う動きや農家や農業法人が障害者雇用を拡大させる動きも、「農福連携」に含めて考えている。なぜなら、こうした取り組みは、いずれも農業サイドと福祉サイドとの連携がしっかりできていないと上手くいかないという意味では共通しているからである。実際に、障害者の農家に対するお手伝いから始まった取り組みが、相互理解を経て、本格的な取り組みに発展していくことも多い。さらには、企業が特例子会社や障害者就労施設を設置して、農業分野で障害者就労の拡大に取り組む動きもあるが、農業と福祉の双方を理解し、両サイドからの協力を得ないことには成功しないことから、これも「農福連携」に含めていいのではないかと考えている。そして日本では、園芸療法と呼ばれている、障害者に農作業をしてもらうことで身体や精神の状態をよくしていこうという取り組みも「農福連携」の一部として捉えたい。

そもそも、「農福連携」という言葉が使われ始めたのは二〇一〇年頃からで、その歴史はそれほど長くない。それまでの文献を見てみると「農業分野における障害者就労」という言葉が主に使われている。そうした中で、鳥取県庁が、障害者が実施できる農作業を掘り起こし、それを受託する福祉事業所とマッチングする「農福連携モデル事業」を二〇一〇年度から実施しており、これが「農福連携」という言葉が公的に使用された最初の例の可能性が高い。国の方では、同年一二月に、農林水産政策研究所が、この分野での研究成果を初めてプレスリリースした際に、研究成果の中で、「農業と福祉の連携事例」をいくつか紹介し、「農業と福祉が連携し、農業分野における障害者就労の課題を解消していくことが、今後、益々重要である」と結んでおり、これが「農業と福祉の連携」の初出でないかと思われる。私の上司が、研究チーム名を決める際に、「『農業と福祉の連携』では、長すぎるので、『農商工連携』という言葉もあるんだから、『農福連携チーム』でいいのではないか」と言って、研究チーム名が決まった経緯がある。案外、こんな感じで、各地で「農福連携」という言葉が広がっていったのではないかと考えている。一方、国の方では、二〇一三年に農林水産省と厚生労働省が「医福食農連携」をスタートさせている。さらに、「『農』と福祉の連携プロジェクト」の下で、両省が農業分野での障害者就労への支援策を拡大させる中で「農福連携」という言葉が使われるようになった。二〇一七年三月には、両省が後援する形で、「全国農福連携推進協議会」が設立されている。同協議会は、「農福連携の社会的な地位の向上を図るとともに、地域や農林水産業の分野で、障害のある人々や、様々な理由で生きづらさを抱えた人々の多様な能力が発揮され、それぞれが生き甲斐を感じることができる社会を創出する」ことを目的に、「農福連携」に取り組む関係者の支援を開始している。この「全国農福連携推進協議会」は、前出の「一般社団法人日本農福連携協会」の前身組織に当たる。同協議会からは、カタカナの「ノウフク」という言葉を使ったノウフク・デザインが各方面に発信され、現場でも使われるようになり、定着しつつある。

そうした流れを受けて、二〇一九年には、ＪＡＳ規格の中に「ノウフクＪＡＳ」という規格が設けられた。障害者が生産工程に携わった農産物やそれを使った加工品と認証されれば、「ノウフクＪＡＳ」

のマークが付けられる。同年一一月には、早速、「社会福祉法人京都聴覚言語障害者福祉協会さんさん山城」等四施設が認証を受けている。このように、勢いは増すばかりである。

(2) 農福連携の類型

「農福連携」という言葉の語源でも紹介したように、そこには色々な取り組みが含まれ得るため、農福連携と思われる取り組みをただ羅列しても、全体像を掴むことは困難である。

そこで、ここでは農福連携の取り組みを、取り組んでいる主体の違いから類型化してみる。具体的には①社会福祉法人、NPO法人、公益法人等（以下「社会福祉法人等」という）から「施設外就労」（後掲図7参照）の形で障害者が農家で農作業の手伝いをする動き②社会福祉法人等が自ら農業を行ったり、農業法人を別途立ち上げ併設させる動き③農家や農業法人が障害者を雇用したり、障害者就労支援施設[1]を別途立ち上げ併設させる動き④企業が子会社を設置して農業分野で障害者就労の場を確保する動き ⑤病院やNPO法人等が障害者に農作業に取り組んでもらうことで身体や精神の状態をよくしていこうとする園芸療法（海外ではケアファームと呼ばれている）の取り組みに大きく分けて整理してみた[2]。

本章では、この五つの類型ごとに、農福連携の取り組みを紹介していくが、一言で「農福連携」といっても、その取り組み内容は多種多様であり、取り組み数が拡大するとともに、取り組み内容も多様化してきている。さらに、取り組みの対象も、身体、知的、精神の三障害から発達障害のある人達も含めて、さらにニートや引きこもり状態にある人達、それらも含めた生活困窮者、難病患者、依存症患者、触法者なども含めてと、取り組みの対象者の面でも広がりを見せている。今後、農福連携の類型についても新しい類型が次々に出てくると思うが、あくまでも過渡期である現時点での整理のための便宜上の分類と理解していただきたい。

また、前述のように、「農福連携」という言葉が使われるようになったのは二〇一〇年頃からで、まだ一〇年も経っていない。しかしながら、実は農業分野で障害者の働く場をつくろうという取り組みの歴史は古く、「こころみ学園」(「社会福祉法人こころみる会」が運営する指定障害者支援施設)が農業に取り組み始めたのは一九五八年と、今から六一年前のことになる。その後も、各地で先進的な取り組みが行われるものの、いずれも、長いこと点的な存在にとどまっていた。それが、二〇一〇年代に入ると、なぜ、農福連携は大きな潮流となったのか。まず次節で、その背景を整理し、その上で、農福連携の歴史を振り返ってみたい。

(1) 障害者就労支援施設とは、一般就労を希望する障害者に、一定期間、就労に必要な知識及び能力の向上のために必要な訓練を行う就労移行支援事業所と、一般就労が困難な障害者に就労する機会を提供するとともに、知識及び能力の向上のために必要な訓練を行う障害者就労継続支援事業所の総称。

(2) 吉田行郷(二〇一七)で提唱した類型をさらに改良した。

3　農福連携を巡る事情

(1) 農業サイドの事情

研究を続けている中で、農業サイドの農福連携に対する風向きが変わったのを感じたのは、北海道や柑橘の産地で、「本当に人手が足りなくて、ありとあらゆる方策を考えている」という話をよく聞くようになった二〇一五年頃である。そのように話す方々に「農福連携」について感想を尋ねると、ほとんどの人から「当然、視野に入れている」という答えが返ってきた。

実際に、農業の現場では、多くの農家が後継者を確保できないまま高齢化が進み、やがてリタイアしていく。このため、農業従事者の数が減少し、かつその高齢化が進展している。いまや基幹的農業従事者[3]の平均年齢は六七歳にまで上がり、その数も、一九九五年から二〇一五年までのわずか二〇年で三八％減少してしまった。二〇一五年現在、基幹的農業従事者の六五％が六五歳以上であり、今後も農業からリタイアする人が加速的に増加することが見込まれる。こうした農業の担い手の減少と高齢化を受けて、農地の荒廃も進み、耕作放棄地は二〇年前の二倍近くに増え、二〇一五年には約四二万ヘクタールと、広さでいえば、富山県と同じくらいの面積になってしまった。これは農家による自己申告のみの数字であるので、実際の耕作放棄地はもっと多いと考えられる。このため、既に農業の実績がある社会福祉法人等が活動している地域では、これらの法人に対して農地の引き受け手としての期待が高まっている。さらに、こうした情勢の中で、二〇〇九年の「農地法」の改正によって、農家以外の民間企業等が農地を借りる形で農業に参入することが認められた。その後は農地を借りる形での参入法人が大きく増加している。社会福祉法人等にもこれが追い風となり、農地を借りやすい環境が整い、農地を買ったり借りたりして農業を始めたり、経営規模を拡大するところが増えてきている（公共性の高い社会福祉法人は、農地法上、農地を買って営農することも可能）。

そして、農業の担い手が減少しているだけでなく、営農を続けている農家でも、果樹や野菜の農繁期の作業の人手が足りなくなってきている。農村地域の人口減少と高齢化の進展から、農繁期の手伝いや臨時雇用労働力の確保が急速に難しくなってきてしまった。これまで農作業を請負ってくれていたシルバー人材センターも、農作業を行えないほどまでに高齢化が進んでしまい、打開策は見えない。こうした状況から、農繁期等の農作業の引き受け手としても障害者に対する期待が高まっている。

（3）基幹的農業従事者とは、農業就業人口のうち、ふだんの主な状態が「仕事が主」の者をいう。農業就業人口は、一五歳以上の農家世帯員のうち、調査期日前一年間に農業のみに従事した者又は農業と兼業の双方に従事したが、農業の従事日数の方が多い者をいう。

(2) 福祉サイドの事情

他方、農業サイドだけでなく、福祉サイドからも農福連携に対する期待は高い。

厚生労働省によれば、二〇一九年に行われた推計では、現在、日本には九六四万人の障害者手帳を取得している障害者がいる。その内訳をみると身体障害者が四三六万人と最多で、これに精神障害者四一九万人、知的障害者一〇八万人と続く。特に高齢化の進展で身体障害者の数が増加しており、今後も増加が見込まれる。九六四万人は日本の全人口の八%強に相当するが、障害がありながら障害者手帳を取得していない人達がいることや、障害者手帳の対象となっていない発達障害者（PDD[4]は全人口の一～二%、ADHD[5]は学童期の児童の三～七%、学習障害は全人口の二～一〇%という推計がそれぞれある）がある。これらのことを考えると、なんらかの障害を抱えている人達は全人口の一割をかなり超えていると考えるべきである。

これに対して仕事をしている障害者（身体、知的、精神の三障害のみ）は約八八万人（従業員五人以上規模の事業所による雇用者約五四万人、就労系の障害福祉サービスを受けている人達が約三四万人）にとどまっている。障害を抱えている人の中には、働きたいという意思を持ちながら働く機会を得られない人達がまだ多数いることがアンケート調査で明らかになっている。

こうした状況に加えて、二〇〇八年のリーマンショックや安価な労働力を求めた工場の地方からアジアへの移転、地方における人口減少等の影響により、就労系の障害福祉サービスを提供する社会福祉法人等では、それまで第二次産業、第三次産業から依頼されていた下請けが減ってしまった。このため、人手不足の農家を手伝ったり、引き受け手のいない農地を借りて農業をすることで、障害者が行える仕事を増やそうとしている社会福祉法人等が増加している。

また、就労系の障害福祉サービスを受けている障害者の工賃（賃金）が低く、この引き上げが障害者の生活の質を上げていく上で大きな課題として、これまでも認識されてきた。後述するように二〇一〇年以降、地方公共団体が仲介する形で、人手不足の農家や農業法人から農作業を請け負う社会福祉法人等が増えつつある。そうした請負作業によって、就労継続支援B型事業所[6]の平均工賃を上回る工賃を得ている事例も多く見られるようになった。また、近年は、就労継続支援A型事業所[7]として、自ら農業や農業関連事業を行うことで、最低賃金を上回る賃金を実現している事例も出現してきた。こうした現状から、工賃や賃金の引き上げの観点からも、農業への期待が高まっている。

実際に農業活動に取り組む社会福祉法人等は増加傾向にあり、近年では三分の一の法人が農業活動に取り組んでいる（図1）。また、その推移を見ても、二〇〇八年から二〇一二年にかけて急増していることが分かる。

さらに、アンケート調査で、社会福祉法人等が農業を始めた理由を尋ねると、開始時期が古いほど「健康・精神に好ましい」が多く、逆に、近年になるほど「経済情勢で作業減少」が多くなっており、「借りられる農地の増加」が、二〇一〇年（農地法改正の翌年）に急増している（図2）。これらから、前述の情勢の変化を読み取ることができる。

（4）「pervasive developmental disorders」の略称で、「広汎性発達障害」の意味。「自閉症スペクトラム障害」とほぼ同じ群を指す。

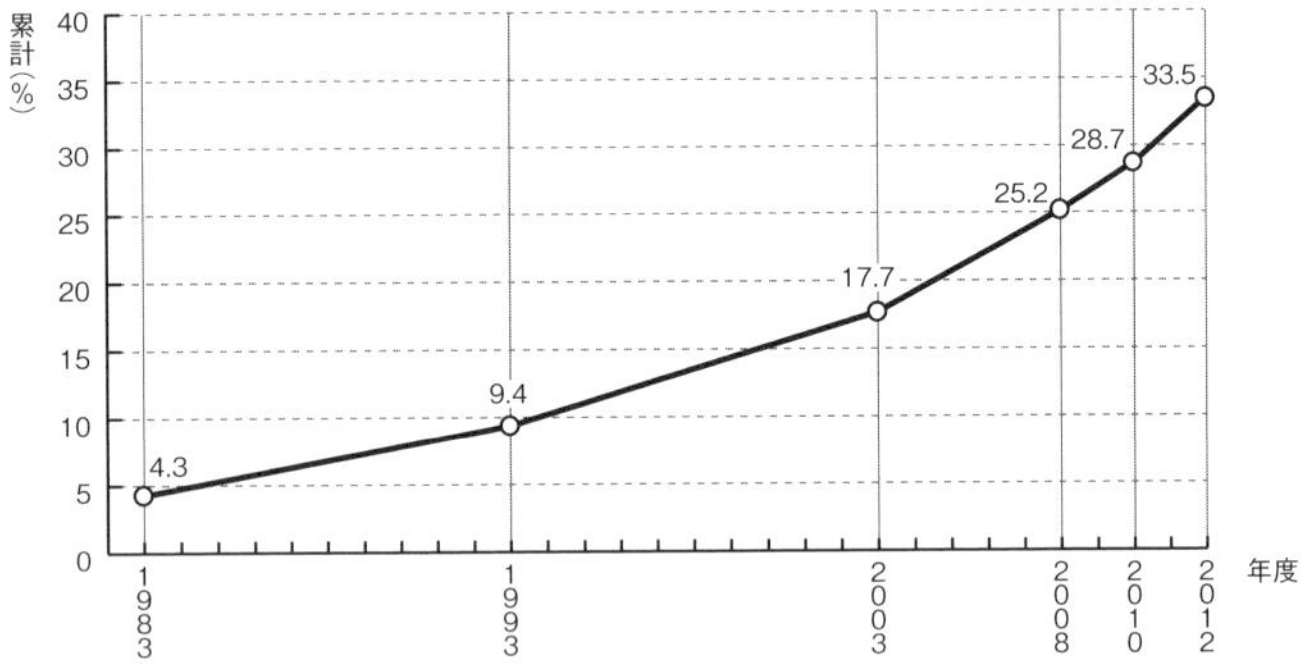

資料：（特非）日本セルプセンター（2014）「農と福祉の連携についての調査研究報告」を農林水産政策研究所の小柴有理江研究員が一部加筆して作成。

注１：公表データは、一定の期間（例：調査実施の「10〜19年前」や「1〜2年前」等）における農業活動の実施割合を示したものであったが、本図では、各期間を実際の年度に置換し、各期間の最終年度に数値をプロットした。

注２：数値は、該当年度における農業活動の実施割合を示したものである。公表データによると、農業活動の開始時期別の割合を古い順に累計して算出されている。

図1 障害者福祉施設における農業活動の実施割合（累計）

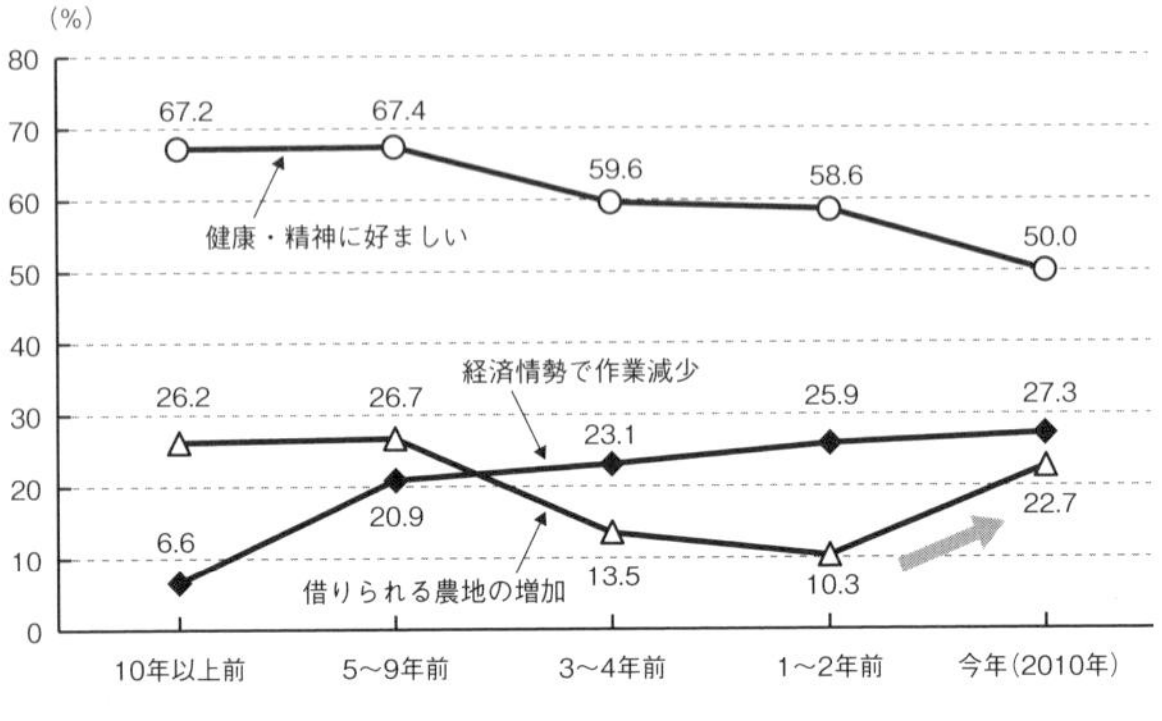

資料：きょうされん実施「障害者の農業活動に関するアンケート」（2010年11月実施）

図2 農業実施の理由と農業開始時期、収益上の位置付けとの関係

（5）「Attention deficit hyperactivity disorder」の略称で、「注意欠如・多動性障害」の意味。
（6）障害者就労継続支援B型事業所とは、障害者就労支援施設のうち、一般就労が困難な障害者に雇用契約には基づかない就労の機会を提供するとともに、知識及び能力の向上のために必要な訓練を行う施設のこと。
（7）障害者就労継続支援A型事業所とは、障害者就労支援施設のうち、一般就労が困難な障害者に雇用契約に基づく就労の機会を提供するとともに、知識及び能力の向上のために必要な訓練を行う施設のこと。

(3) 企業サイドの事情

さらに、企業が農業分野で障害者の働く場をつくる動きも、近年活発になってきている。

一九七六年に企業等に対して身体障害者の雇用が義務化[8]されたが、当時、法定雇用率一・五％（二〇一八年四月から二・二％）を達成する企業の増加率が伸び悩む中、一九八七年に特例子会社制度[9]が法制化された。これ以降、大企業を中心に特例子会社の設置数が増加しており、二〇一八年六月一日時点で特例子会社数は四八六社（二〇一三年の三八〇社から一〇六社増加）となっている。そのうち、農業分野に進出している特例子会社は少なくとも四五社ある（図3）。当初は、色々な事業をやる中で、農業も行うという事例が主流であった。しかし、二〇〇六年に水耕栽培によって農業を主体として障害者の雇用を実現した文房具製造で有名なコクヨ株式会社の特例子会社「ハートランド株式会社」が出現し、以後は、農業を主体とする企業が増えつつある。なおそれでも、法定雇用率を守れている企業は四六％にとどまっている。そうした状況の中で二〇一八年からその算定対象に精神障害者が含まれること

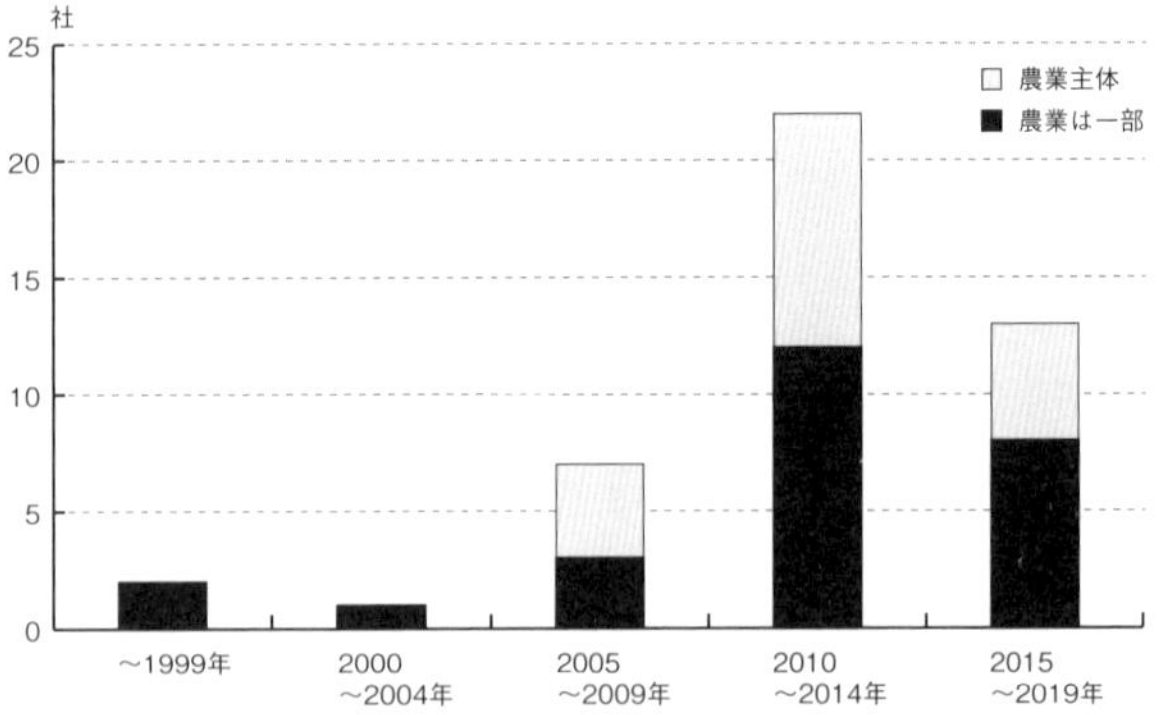

資料：2019年12月現在、農林水産政策研究所が各社のホームページ等から集計した結果である。
注１：基本的には農業開始年で整理しているが、農業開始年が不明な会社は認定年でカウントした。
注２：農業を止めた会社が2社あるが、上記ではカウントしていない。

図3 認定年別にみた農業参入した特例子会社数の推移

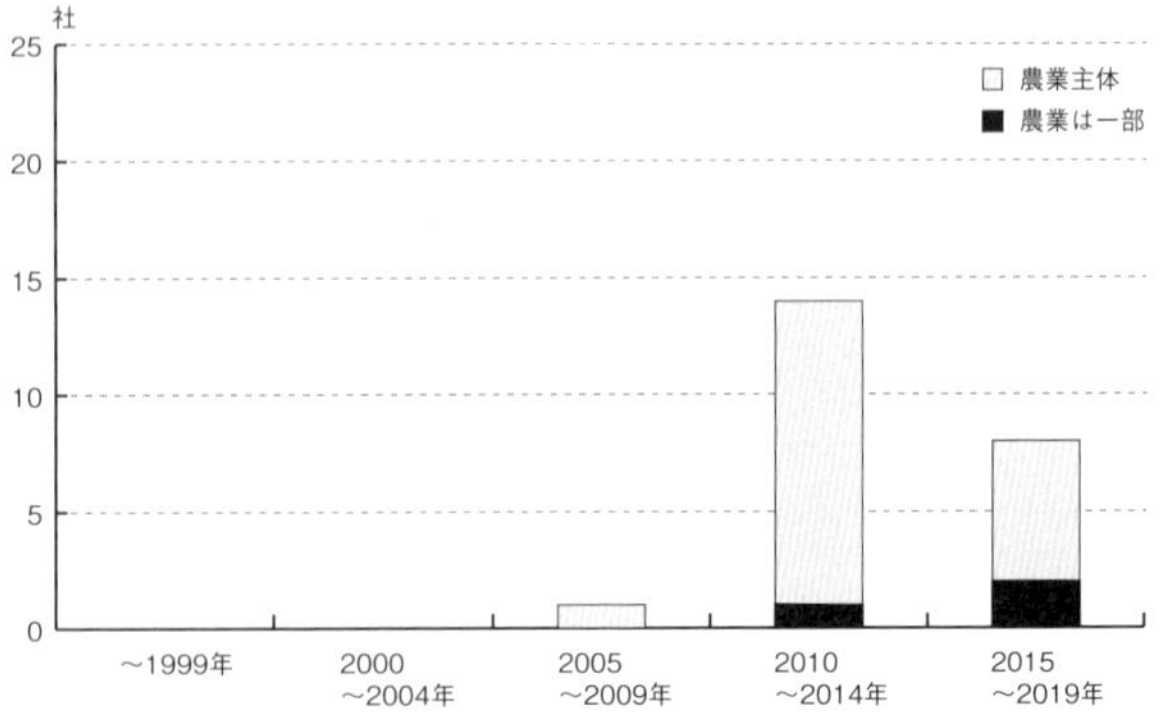

資料：2019年12月現在、農林水産政策研究所が各社のホームページ等から集計した結果である。

図4 認定年別にみた農業参入した
「企業出資の障害者就労支援施設」数の推移

になったことから、今後も法定雇用率は上昇していく見込みである。

また、二〇〇六年に施行された障害者自立支援法の制定を受け、同年に企業による障害者就労支援施設の第一号が認定された。以後、営利企業や生活協同組合がCSR[10]活動の一環として、障害者就労支援施設を開設するケースが増加している。このような企業出資の障害者就労支援施設(二〇一七年一〇月時点で障害者就労支援事業所一万八二八八のうち営利法人が経営主体の事業所は五〇〇五まで増加)においても、農業分野で障害者雇用に取り組む企業出資の障害者就労支援施設が二〇一〇年に初めて出現して以降、増加している。二〇一九年一二月時点で少なくとも二三の施設が把握されており、特例子会社に比べると農業を主体とする施設の割合が高いのが特徴である(図4)。

(8)従業員が一定数以上の規模の事業主は、従業員に占める身体障害者・知的障害者・精神障害者の割合を「法定雇用率」以上にする義務(一九九八年に知的障害者、二〇一八年に精神障害者が雇用義務の対象に追加。二〇一八年四月から、従業員四五・五人以上雇用している企業は、障害者一人以上雇用する必要)。

(9)特例子会社とは、障害者の雇用環境を整備するなど一定の要件を満たしたと認定された会社のことで、雇用した障害者は親会社の障害者雇用の実績としてカウントされる。

(10)「Corporate Social Responsibility」の略称で、「企業の社会的責任」の意味。

(4) 地方公共団体サイドの事情

人手不足で困っている農家・農業法人、農作業を行いたい社会福祉法人等がともに増えているので、お互いにタッグを組んでいけば、どんどん農福連携は進んで行きそうなものである。しかし、両者は、普段活動している世界が違うので、出会う場がなかなかないことが、タッグが組めない大きな要因になっていると考えられる。加えて、日頃の交流がないので、農家・農業法人、障害者の家族や障害福祉関係者の双方が、障害者が農作業をできることを知る場がないことも阻害要因になっている。

こうした阻害要因を克服するには、地方公共団体の農業部局と福祉部局が連携して、お節介を焼いてマッチングをしてくれるのが一番効果的である。私の知る限りでは、鳥取県がこうしたマッチングを支援する有効性にいち早く気がつき、前述のように、二〇一〇年度から「農福連携モデル事業」という事業で支援を開始している。また、遅れること一年で、後ほど紹介する香川県が県内全域を対象としたマッチング支援システムを構築し、これが大きな成功を収めたことから、全国各地でこれに続く地方公共団体が出てきている。厚生労働省でも、こうした支援に使える補助金を各県に出す「農福連携による就農促進プロジェクト」を二〇一六年度から開始した。この補助事業を使ってマッチング支援を行う都道府県は、初年度は七にとどまっていたが、三年後の二〇一九年度には二七にまで増加した。

(5) 重なり合うタイミング

以上、農業サイド、福祉サイド、企業サイド、地方公共団体サイドの農福連携に関する事情を紹介してきた。いずれのサイドでも、農福連携の取り組みを拡大させる大きな潮流ができつつある中で、二〇〇六年から二〇一〇年にかけて大きな転機があったことに気がつかれたと思う。農業の担い手の減少と高齢化、社会福祉法人等における下請け作業の減少、法定雇用率の上昇という流れに加えて、リーマンショック、農業への企業の参入を認めた農地法の改正、障害者福祉への企業の参入を認めた障害者福祉制度の運用改正、人手不足の農家・農業法人と農作業を手伝いたい社会福祉法人等をマッチングする支援を行う地方公共団体の登場・拡大といったことがそれぞれ多少前後して重層的に起こり、二〇一〇年以降、農福連携が大きく拡大する素地が出来上がったとみていいのではないか。

次の節では、こうした二〇〇〇年代の流れも踏まえつつ、これまで取り組まれてきた農福連携の歴史を振り返ってみることにしたい。

4 農福連携の歴史

(1) 黎明期の取り組み

障害者と農作業、家畜飼育との相性のよさは古くから認知されており、社会福祉法人等でもかなり以前から、自給自足用に障害者が園芸を行ったり、鶏などを飼ったりしていたと言われている。

しかし、障害者が農業を本格的に行った例となると、前述の「こころみ学園」で、初代の園長と彼の当時の教え子達が一九五八年に、栃木県足利市内にある急斜面を開墾してぶどう畑をつくり農業を開始したのが、草分け的な存在といえる。その後、開墾面積を拡大し、現在は総栽培面積六ヘクタール

カフェから見た最初に開墾されたぶどう園

園内の標識

になっている。一九六九年には、中学校を辞した初代園長の下、三〇人定員の施設が竣工し、知的障害者更生施設としての認可も下りて「こころみ学園」が開園した（同時に設立された社会福祉法人「こころみる会」が運営）。

ぶどう生産を本格化させていく中で、ぶどうをワイン用に切り替え、一九八〇年には、園生の保護者の出資金二〇〇〇万円により「有限会社ココ・ファーム・ワイナリー」を別途設立して、一九八四年には、酒造免許を取得している。それ以降、同ワイナリーが「こころみ学園」から原材料のぶどうを仕入れて、ワインへの加工・販売を行っている。その後、契約栽培やぶどう畑の借地により原材料となる優良なぶどうを確保しながら、醸造技術も改良し、ワインの品質を大きく向上させている。また、二〇〇四年には、ワイナリー内にカフェも開設している。このほか、原木シイタケの栽培や野菜づくりにも取り組んでいる。園生は、ぶどう園の管理・収穫作業を中心にしており、約一五人の園生が、

ぶどう園の頂上から見たこころみ学園全景

シイタケの原木運びをする
園生の皆さん

作業請負でワイナリーの作業も行っている。

私が最初に「こころみ学園」をお訪ねしたのは二〇一〇年の七月で、初代園長の川田昇さんはご存命であったが、体調を崩されていて、残念ながらお会いすることができなかった。しかし、川田園長の娘さんで、当時、農場長を務められていた越知眞智子さん(現こころみ学園施設長)に、全てのぶどう園と原木シイタケの栽培場所をご案内いただき、その後、仕事を終えた多くの園生の皆さんをご紹介いただいた。仕事を終えた後の園生の皆さんの達成感に満ちた笑顔の数々に触れ、皆さんの居場所がそこに確かにあることを強く実感できた忘れられない訪問となった。

「こころみ学園」では、障害が重度であったり、高齢のため生活介護の対象となっている園生以外は、全ての園生がその抱えている障害の特性に適した仕事を担っている。例えば、男性の多くはワイン用ぶどうの管理・収穫作業、シイタケ栽培用の原木運びを担当し、女性の多くは入所者の衣服の洗濯、炊事等を担当している。そして、施設の清掃は全員で分担して実施している。さらに、収穫期等の繁忙期は、働ける園生全員で作業を行っている。また、原木を使ったシイタケ栽培における原木運びは、手足に不自由がなければ誰でもできる作業であるが、取り組んでいる人のキャラクターが出る。このため、根気があるかどうかというような仕事の適性を判断するために、新しく入園してきた園生にまずこの作業をやってもらうことになっており、地味だがとても重要な作業として位置づけられている。その後、東日本大震災の被害で、原木を使ったシイタケ栽培は、一時休止されてしまい、多くの関係者が心配するところとなっていたが、晴れて二〇一八年から再開され、今日に至っている。

また、一九八四年に始まった収穫祭は、二〇一九年で第三六回を数え、二日間で一万三六〇〇人(二〇一九年実績)の人が全国各地から集まる地元足利市でも有数のイベントにまで発展している。

続く代表例としては、一九七二年に鹿児島県南大隅町に設立された「社会福祉法人白鳩会」が挙げられる。農業に本格的に取り組むため、いち早く農事組合法人を別途立ち上げ、それを併設させて協力し合う形をつくりあげ、経営する農地面積は四五ヘクタール、豚の飼養頭数は八〇〇~九〇〇頭に達している。その後二〇〇〇年には、鹿児島市内にも就労系の事業所を開所し、農産物の加工・販売、カフェ・レストランの運営にも取り組んでいる。

さらに、一九七四年に活動を開始した「NPO法人共働学舎」が四番目の農場として北海道の新得町に一九七八年に開設した「農事組合法人共働学舎新得農場」は、畜産を行う先駆け的な存在で、当時だけでなく、今でもなお先進的な取り組みとして高い評価を得ている。同農場には、障害者だけでなく、引きこもり、ニート、難病の患者など様々な困難を抱えた人達が加わり、酪農を中心にした畜産と有機野菜生産、そして生産された生乳を使用したチーズづくりやカフェの運営を行っている。

また、知的障害者の働く場の拡大、社会進出に尽力し関係者に多大な影響を与えてきた「社会福祉法人南高愛隣会《なんこうあいりんかい》」も、一九七八年の設立時から「雲仙愛隣牧場」を立ち上げ、牛、豚、鶏の飼育、食肉加工、シイタケ栽培に取り組んできた。ただし、障害者を一般就労させることに力を入れていく過程で、畜産部門は徐々に縮小し、一九九二年には、自ら行う養豚を中止して、近隣の養豚団地や農家での実習プログラムに切り替えられている。

このほか、三〇年以上の歴史を誇る取り組みとしては、一九八七年から障害者と共に農業を開始している北海道壮瞥《そうべつ》町の「合同会社農場たつかーむ」（養鶏と有機野菜生産）、一九八二年に設立された富山県富山市の「社会福祉法人めひの野園」（菌床シイタケ栽培と養鶏）などが挙げられる。

これらの取り組みは、それぞれ農業の形態は異なるが、いずれも社会福祉法人等による取り組みである点では共通している。

そして、こうした先進事例に続く形で、高齢農家の離農や工場の海外進出等による下請け作業の減少を背景に、二〇〇〇年前後から社会福祉法人等による本格的な農業への進出が急拡大していく。この中には、当初、人手不足の農家をお手伝いすることから始めて、やがて農業を自ら担うようになった福島県泉崎村の「社会福祉法人こころん」、福井県あわら市の「NPO法人ピアファーム」、山梨県北杜市の「社会福祉法人八ヶ岳名水会」などがある。一方で、先駆的な取り組みのように、設立当初から本格的に農業を始めている長野県小布施町の「社会福祉法人くりのみ園」や埼玉県熊谷市の「埼玉福興株式会社」、兵庫県神戸市の「NPO法人アゲイン」、京都府京田辺市の「社会福祉法人京都聴覚言語障害者福祉協会さんさん山城」のようなところもある。

(2) 農業サイドからの取り組みの出現

続いて農業サイドからの取り組みを紹介する。障害者が一人、二人、農家に雇用されたり、農家のお手伝いに入っている事例は、かなり前から散見されていたと言われている。

しかしながら、農家や農業法人が、障害者を何人も本格的に雇用する取り組みは、それほど多くの例がなく、静岡県浜松市で野菜の水耕栽培を行う「京丸園株式会社」が最初の先駆的な事例として挙げられる。私も、農福連携の研究を始めるに当たって、最初に調査をお願いしたのが、この「京丸園」であったので大変感慨深い。鈴木厚志代表取締役の熱いお話を聞かせていただき、この分野の研究を始めて間違いなかったと、当時、確信したのを覚えている。

「京丸園」では、一九七三年にミツバの水耕栽培を開始し、規模拡大に伴う人手不足が顕在化した一九九六年から障害者の雇用を始めている。その後、年々雇用する障害者の人数を増やし、現在では、パートも含めた従業員一〇〇人のうち二五人が障害者という農園である。障害者雇用を本格化させる過程で、二〇〇四年に法人化しており、近年では、特例子会社及び障害者就労継続支援B型事業所と作業委託契約を結び、障害者一三人が農場で作業を行っている。

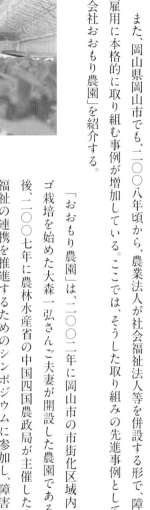

また、岡山県岡山市でも、二〇〇八年頃から、農業法人が社会福祉法人等を併設する形で、障害者の雇用に本格的に取り組む事例が増加している。ここでは、そうした取り組みの先進事例として「株式会社おおもり農園」を紹介する。

水耕栽培のハウス内での作業風景

「おおもり農園」は、二〇〇二年に岡山市の市街化区域内でイチゴ栽培を始めた大森一弘さんご夫妻が開設した農園である。その後、二〇〇七年に農林水産省の中国四国農政局が主催した農業と福祉の連携を推進するためのシンポジウムに参加し、障害者就労に関心を持つようになり、その過程で知り合った社会福祉法人から、同法人の利用者である障害者四人と職員一人を、「施設外就労」で受け入れる形で二〇〇八年に農業福祉連携の取り組みを開始している。

その後、施設外就労を担当していた社会福祉法人の職員が異動になってしまい、「施設外就労」での障害者就労を続けられなくなっ

①おおもり農園のイチゴ
②イチゴハウスでの作業風景

た。しかし、大森さんの息子さんがUターンで岡山に帰ってきたのを機に、二〇一〇年に息子さんが代表となる形で「NPO法人杜の家」を併設し、自らが障害者を雇用する形での農福連携の取り組みを開始している。障害者福祉の有資格者については奥様がサービス管理責任者の資格を取得することで対応した。この結果、障害者はNPO法人に所属する形を取っており、水耕栽培、イチゴ栽培の両作業を「おおもり農園」から「杜の家」が受託し、障害者が実施している（図5）。

農作業を委託する農園の方も、農地の利用集積や農業の担い手確保を目的に（息子さんは農業を引き継がない予定）、二〇一四年に株式会社化している。

「おおもり農園」では、ルッコラ、リーフレタス等の水耕栽培は七〇〇平方メートル、イチゴ栽培は三五〇〇平方メートルにまで規模を拡大しており、加工を含む農産物売上額は二〇一七年度の時点で約二一三〇万円となっている。

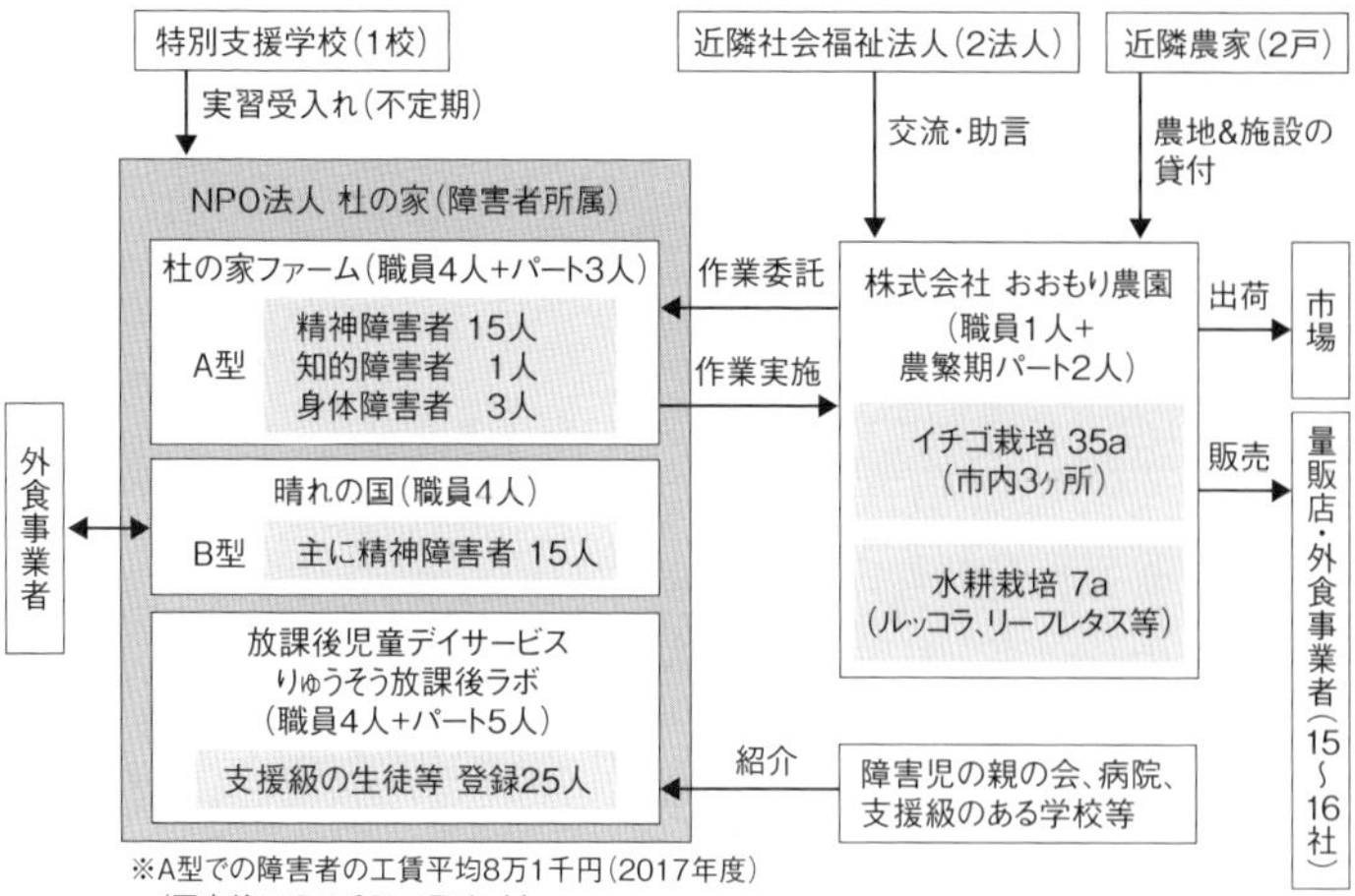

※A型での障害者の工賃平均8万1千円（2017年度）
（固定給14万6千円／月が1人）

図5 株式会社おおもり農園、NPO法人杜の家と地域との関係

このような農業経営の規模拡大を受けて、二〇一九年四月現在、精神障害者を中心にした障害者一九人が農業分野で働いており、一年中作業を行う中で、一カ月の平均工賃は八万一〇〇〇円（最高額一四万六〇〇〇円）を実現している。また、しっかり仕事ができるようになった障害者を毎年二人程度、他の企業（非農業）での就職に結びつけている。

さらに、二〇一五年には放課後に障害のある子供達を預かる児童向けのデイサービス事業も開始し、二〇一七年には運営に窮していた障害者福祉施設「晴れの国」（就労継続支援B型事業所）を併合し、その立て直しに取り組んでいる。

このように「おおもり農園」は、農業で六一人の雇用の場を創出し、そのうち障害者が三四人を占める地域農業の重要な担い手になっている。加えて、児童向けデイサービス事業を始めたり、障害者福祉施設の立て直しに取り組んだりするなど、地域の障害者福祉にも積極的に取り組んでいる。

私が初めて「おおもり農園」を訪問させていただいたのは、二〇一五年七月であったが、その後、イチゴの出荷時期に当たる二〇一八年三月にも訪問させていただいた。多くの障者の方々が、その障害特性に応じて役割を分担し、チームとしてイチゴや水耕栽培の野菜の出荷調製をする様子を二回に分けて拝見することができた。特に、栽培の難しいイチゴについては三年間かけて作業の切り分けとマニュアルによる作業の見える化に取り組み、障害者にも作業ができるようにしたという大森さんのお話を聞かせていただき、その根気と情熱に感銘を受けた。「京丸園」でも培われていた農作業の切り分けと分担のノウハウが、浜松市から遠く離れた岡山市でも確立されていることを知り、このノウハウを汎用化できれば、農業分野での障害者就労は飛躍的に拡大するのではないかと思ったことを覚えている。

このほか、岡山市内には、「おおもり農園」以外にも、「有限会社岡山県農商」(ねぎ、ミニトマトの栽培)や「NPO法人ドリーム・プラネット」(花の苗栽培)といった農園が、農業サイドから先駆的な取り組みを行っている。

しかしながら、障害者を何人も雇用するような大きな経営を農業サイドから取り組むには多額の初期投資と高い農業技術が必要なので、ハードルが高く、こうした先駆的な事例に続く取り組みが次々に出てくるという状況にはまだなっていない。

一方で、近年は、農村における収穫期等における臨時雇用労働力としての障害者の活用から、社会福祉法人等とより密接な連帯関係を構築している農家や農業法人が増加するという新しい動きが出てきている。具体的には、岩手県奥州市の「株式会社菅野農園」、愛知県豊田市の「農業生産法人みどりの里」などが挙げられる。こうした農園が今後、どのように取り組みを進めていくのか注目していきたい。

(3) 農家・農業法人と社会福祉法人等とのマッチング支援を行う地方公共団体の出現

農福連携に対しては、農林水産省が福祉農園の整備のための補助事業を行っているほか、厚生労働省でも、前述のように地方公共団体での支援体制構築に対して支援を行っている。現在、厚生労働省の支援事業を活用して、農福連携の支援を行っている道府県は二〇一九年現在四六にまで増加している。

しかし、そうした地方公共団体による支援の歴史はそれほど長くはなく、前述の「京丸園」と連携してユニバーサル園芸を推進する体制を整えた静岡県と浜松市の取り組みが二〇〇五年度からであり、大阪府が障害者の働く場を農業でつくろうとしている社会福祉法人等や企業を誘致する支援を開始したのも二〇〇五年度からである。その後、三重県名張市が農家や農業法人に障害者を雇用してもらうのをサポートする「農業ジョブトレーナー」の育成支援を開始したのが二〇〇八年度であり、前述のように鳥取県が人手不足の農家と農作業を手伝いたい社会福祉法人等とのマッチングをする

金時人参の収穫作業

支援を始めたのが二〇一〇年度である。香川県でも、二〇一〇年度から、人手不足の農家・農業法人と農作業を手伝いたい社会福祉法人等とのマッチングに取り組み、福祉サイドと農業サイドがタッグを組むことで、こうしたマッチングを全県的に行える仕組みを二〇一一年度に構築したことから注目を集めるようになった。具体的には、香川県社会就労センター協議会が共同受注窓口となり、「作業を委託したい」農家・農業法人と「作業を受託したい」社会福祉法人等をマッチングする支援を実施している（図6）。

きっかけはニンニクの収穫作業での人手不足であった。二〇〇九年度に、人手不足のニンニク農家に社会福祉法人等を斡旋する取り組みを試験的に行い、翌年の二〇一〇年度から事業化している。香川県で行われているマッチングの素晴らしいところは、作業を依頼する農家・農業法人の経営規模を踏まえて、例えば一農家に対して複数の社会福祉法人等を派遣するマッチングを行っているところである。これにより、農家・農業法人側が期待している作業の終了日までに作業を終えてもらうことを実現している。

その後、評判が口コミで広がり、このマッチングの取り組みは次第に本格化し、二〇一八年度現在では、同県協議会のメンバーである約九〇の社会福祉法人等のうち、施設外で障害者が作業できる態

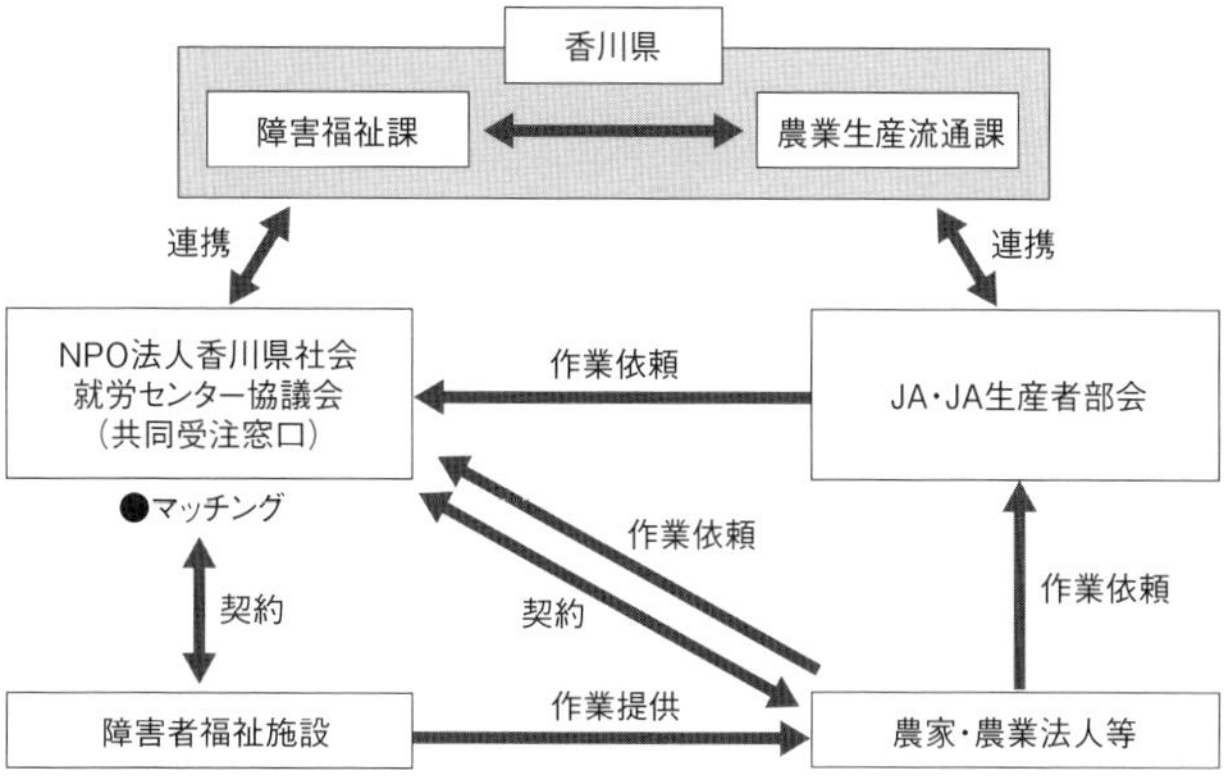

※作業工賃については、共同受注窓口が農家・農業法人等に請求し、障害者福祉施設へは
共同受注窓口を通じて支払われる仕組みとなっている。

資料:聞き取り調査結果を基に、農林水産政策研究所にて作成。

図6 香川県による農福連携への支援スキームの概要

勢にある三三の法人が参加しており、実施面積三八ヘクタール、作業料金収入一三七四万円というところまで事業が拡大している。実施する作業も二〇一六年度には二〇品目(作目)、七四項目まで増加している。その背景には、作業を委託する農家が、障害者の障害特性や作業能力に対する理解を深めたことがある。作業受委託が発展し、障害者を直接雇用する農園も出現している。

私も現場を何回か見させてもらったが、朝、複数の社会福祉法人等からワンボックスカーや小さなバスが何台も農家・農業法人の圃場に乗りつけて、そこから降りてきたたくさんの利用者の皆さんが人海戦術で、夕方までに作業を終わらせて帰っていくという、今までに見たことがない農業が、香川県の各地で行われている。周囲の農家も「何事か?」と様子を見にくるが、利用者の皆さん

キャベツの収穫作業

がきちんと作業を終えて帰っていくのを見て、「今度は、ウチもお願いするか」となるという。そして、同協議会では、こうした取り組みが農家の収益向上にも結びついていることが、取り組み拡大につながったと評価している。具体的には①農家の農繁期等における安定した労働力の確保②担い手農家で、規模拡大や営業に充てられる時間の増加③重量作物（タマネギ、キャベツ等）や、高齢農家の労働力として力を発揮することによる営農の継続④適期に短期間で収穫できることによる品質向上、といったメリットが委託元の農家にあることから参加農家・農業法人からの依頼面積も拡大している。

他方で、社会福祉法人等側にもメリットがある。具体的には①障害者の工賃の引き上げが可能になる②汗をかく喜び、体力づくり、ストレス発散、農家や自然とのふれあいといった、内職的な作業にないメリットを享受できる③地域農業の振興の面で社会貢献ができ、それを職員・障害者共に実感できる、といった点が挙げられている。

こうして農業サイドと福祉サイドが連携することで、両サイドにメリットがある関係を構築できることが香川県などの先進地での取り組みから明らかになっており、園芸作地帯を中心に全国各地で実績が拡大しつつある。後発の府県がこの香川県の取り組みから学び、類似の支援を行うように

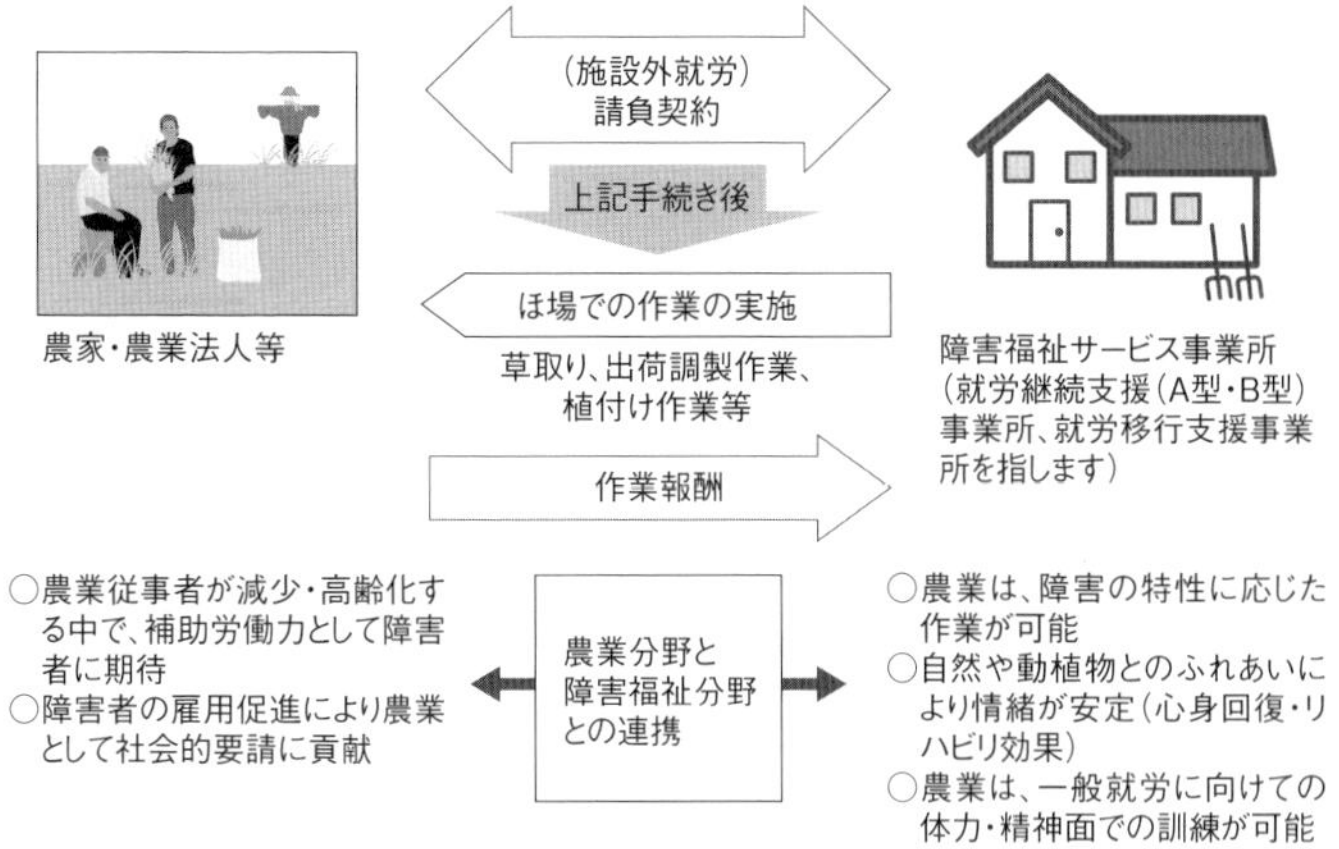
（施設外就労）
請負契約
上記手続き後
ほ場での作業の実施
草取り、出荷調製作業、
植付け作業等
作業報酬
農家・農業法人等
障害福祉サービス事業所
（就労継続支援（A型・B型）
事業所、就労移行支援事業
所を指します）
○農業従事者が減少・高齢化する中で、補助労働力として障害者に期待
○障害者の雇用促進により農業として社会的要請に貢献
農業分野と
障害福祉分野
との連携
○農業は、障害の特性に応じた作業が可能
○自然や動植物とのふれあいにより情緒が安定（心身回復・リハビリ効果）
○農業は、一般就労に向けての体力・精神面での訓練が可能

出典：厚生労働省、農林水産省「福祉分野に農作業を～支援制度などのご案内～」から抜粋。

図7 農作業受委託を通じた農家と障害者福祉施設との連携のイメージ

なったことから、前述のようにマッチングの支援を行う道府県は二〇一九年現在二七にまで増加している。

　このようにマッチング支援が大きく広がっている理由としては、障害者を単独で農家・農業法人に派遣するのではなく、社会福祉法人等から「施設外就労」の形で障害者が農家で農作業の手伝いをする形を取ったことが大きい（図７）。農村人口の減少と高齢化を受けて人手不足で困っている農家・農業法人と下請け作業の減少などから障害者にできる新たな仕事を探したり、より高い工賃を得られる仕事を探している社会福祉法人等が出会うことは、お互いにメリットがあり、かつ農業技術をまだ習得していない社会福祉法人等も農家・農業法人から農作業のやり方を教えてもらえるし、障害者への指示出しの知見がない農家・農業法人も障害者に同行してくる社会福祉法人等の職員に作業の指示をすればいいので、始める際のハードルが低く、かつ取り組む意義を実感しやすい取り組みと言える。

このようなマッチングの支援が増加することで農作業を行いたい社会福祉法人等、障害者による農作業の手伝いを受け入れたい農家・農業法人が掘り起こされ、それぞれ大きく増加している。また、障害者による農作業の手伝いの受け入れをきっかけに農福連携に目覚め、さらに次のステップである障害者雇用に進もうとしている農家・農業法人も増えており、農作業の手伝いをきっかけに自ら農業を行おうとしている社会福祉法人等も増加してきている。

(4) 企業による農業分野で障害者の働く場をつくる動きの出現と拡大

前述のように、農業を事業の中心に据えて立ち上げられたコクヨの特例子会社「ハートランド」が事業を軌道に乗せたことから、特例子会社による農業分野での障害者の働く場づくりは大きな潮流となった。

コクヨでは、自社が外注していた印刷業務を行う特例子会社一社を二〇〇三年に既に設置しており、法定雇用率は達成していた。そうした中で、CSR活動としての位置づけで、知的及び精神障害者の新規雇用を目的に、二社目の特例子会社として「ハートランド」を二〇〇六年に設立し、水耕栽培を開始している。二〇〇〇年以降、障害者福祉分野から水耕栽培で農業分野へ進出したいくつかの先行事例があったことに着目し、水耕栽培を行うことを決定している。事業用地の確保では、大阪府の支援を受け、また、施設整備に当たっては、農林水産省からの支援も受けている。

「ハートランド」はサラダホウレンソウの生産に特化していたが、最近は多品目の栽培も進めている。既に経常収支黒字を達成しており、スーパーチェーンや飲食系仲卸等とのさらなる取引拡大と合わせて安定出荷・安定価格を実現し、「美味しい野菜」をより多くの顧客へ広めることに取り組んでいる。また、近隣の六つの社会福祉法人等から施設外就労の形で、一週間に延べ一〇〇人の障害者を受け入れており、地域の社会福祉にも大きく貢献している。

当初、私は、企業が農業分野で障害者の就労の場をつくってくれることはいいことであるが、周囲の農家や社会福祉法人等との関係は薄く、孤立した形で農業を行っていくのではないかと思っていた。しかし、「ハートランド」が周囲の農業法人や社会福祉法人等と関係を次々に構築していく姿を見て、企業による取り組みの新たな可能性に気づかされた。企業が中心となって、周囲の農家や社会福祉法人等が一体となった新たな取り組みスタイルが一つの類型として確立されていくかもしれない。

ハートランドの水耕栽培施設

ハートランドの育苗施設

そして、この「ハートランド」の成功を受けて、二〇〇八年以降は、水耕栽培を中心に農業主体の特例子会社が増加している（少なくとも特例子会社一一社が水耕栽培に取り組んでいることが確認されている）。成功事例が出てくると、それをモデルにして、同じような取り組みが一気に広がっていく好例といえる。

また、伊藤忠テクノソリューションズ株式会社の特例子会社「株式会社ひなり」が、二〇一〇年から、複数の農家や農業法人（八経営体）に対して農作業の手伝いを行うことを開始しており、障害者の働く場を確立し増加させることに成功している。その後、二〇一七年にはＪＡＬ株式会社の特例子会社「株式会社ＪＡＬサンライト」が、二〇一八年には株式会社パーソルホールディングス（二〇一八年にテンプホールディングスから社名変更）の特例子会社「パーソルサンクス株式会社」が、それぞれ農作業受託を開始している。このほか五社が農作業受託を行っている（うち四社が二〇一〇年以降の開始）。こうした取り組みも周囲の農家との良好な関係が大前提であり、特例子会社が地域農業にとって欠かせない存在になっていく可能性を秘めている。私自身も、特例子会社の援農を受け入れている農園の園主の方々からお話を直接聞いているが、彼らの障害者に対する熱い期待に、こちらも胸が熱くなった。今後のこうした関係の広がりにも大いに期待している。

さらには、農地法の改正を受けて、企業が農地を借りる形で農業を行えるようになったことから、露地野菜の栽培を行う特例子会社も増加してきている（少なくとも一四社が確認されている）。

他方で、二〇一〇年に施設園芸を中心にした生活協同組合ひろしまの「農業生産法人ハートランドひろしま」が設立されたのをきっかけに、前述のように企業や生活協同組合が障害者就労支援施設を立ち上げて農業に取り組む事例が増えている。そのほとんどが農業を主体としており、株式会社クック・チャム等の出資により設立された「株式会社九神ファームめむろ」が二〇一一年に設立されて、露地野菜の栽培とその一次加工によって、一年目から黒字経営を実現したことを受けて、露地野菜に取り組む施設が多いのが特徴的である。生活協同組合ではほかに四組合が障害者就労支援施設を立ち上げて農業に取り組んでおり、「九神ファームめむろ」を見本にして三社が障害者就労支援施設を立ち上げて露地野菜の栽培に取り組んでいる。

(5) 園芸療法に取り組む社会福祉法人等の出現

障害者に農作業に取り組んでもらうことで身体や精神の状態をよくしていこうとする園芸療法は、我が国では、長らく精神病院等で精神疾患の患者の治療のために取り組まれてきた。この分野での先進国オランダで取り組まれているケアファームは、農家や農業法人が障害者を受け入れて、障害者のケアを農家や農業法人が行うことで国から報酬を得るという仕組みであり、日本の園芸療法とはかなり違う仕組みとなっている。

日本では、病院に入院して園芸療法を受けていた精神疾患の患者が心身の状態がよくなったということで退院した後、園芸療法を受ける機会を失い、再び調子を崩して入院してくるというケースが少なくないことから、退院後の精神疾患の患者を受け入れて園芸療法を行う社会福祉法人等が少しずつであるが出てきている。

具体的な取り組み事例として、埼玉県川越市で、二〇〇七年からこうした対応を始めた「こえどファーム」(「NPO法人土と風の舎」)を紹介する。

二〇〇二年当初は、高齢者、親子による農業体験を行う体験農園を運営することを目的に「NPO法人土と風の舎」が立ち上げられた。その後、近隣の病院が精神障害者向けに園芸療法を実施していたが、退院後にそのケアを行える場所がなかったことから、「土と風の舎」では、精神障害者の退院後のデイケアの中で、自立支援、生活支援の一環として農作業をやってもらうことが企画され、障害や世代を超えてふれあえる参加体験型農園「こえどファーム」と障害者の農業実習・就労訓練を行う「アグリチャレンジ事業」の両方が組み合わされて実施されている。

具体的には、二五〜三〇人の高齢者を川越市報で募集して、年間を通じて週二日(火曜日・金曜日)農業体験をしてもらい、障害者約一〇人(精神障害者、発達障害者を中心)は、毎週金曜日に高齢者と共に農業体験してもらう。障害者は、通所している社会福祉法人等の判断で、就労移行支援事業における「施設外支援」として参加するケースもあれば、通所を週一回休んで、あくまでも個人として参加するケースがある。そして、これも市報で公募された七歳以下の子供とその親は月一回（土曜日）に農業体験を行う（親子五〇組）。この場には希望する高齢者、障害者も参加して、それぞれ交ざり合い刺激を受け合うことが目指されている。障害者は、個々に相談の上で受け入れ、就労できたら卒業という扱いになっている。他の高齢者と子供とその親は毎年春先市報で募集される。

こえどファームの農作業風景

「土と風の舎」の渋谷雅史代表によれば、予め、高齢者に障害者が参加することを伝えず、先入観なしに自然体で共同で農作業を行ってもらった方が両者の間にいい関係が構築されるそうである。

このほか、同じような取り組みをしているところとしては、群馬県吉岡町で、二〇〇四年から近隣の精神病院からの退院者をグループホームで受け入れて農作業をしてもらうことを始めた「NPO法人山脈《やまなみ》」がある。また、新潟県長岡市の「NPO法人UNE《うね》」では、二〇一三年から生活困窮者や生活保護受給者に対して農作業による就労訓練を開始している。最近では、「UNE」のように、障害者だけでなく、ニート、引きこもり、生活困窮者などに農作業をしてもらって社会復帰を目指してもらおうという取り組みも増えてきており、これらも同じ範疇で語られてもおかしくない取り組みといえる。前出の兵庫県神戸市の「アゲイン」でも障害者だけでなく、引きこもりの子供をグループホームで預かって農作業を行ってもらうコースを設けている。さらには、香川県の「公益財団法人喝破道場」や神奈川県藤沢市の「株式会社えと菜園」でも、様々な問題を抱えている人達を預かり、ハーブ園や野菜畑等で農作業を行ってもらうことで、精神や身体の調子を整えて、社会復帰を目指す取り組みを行っている。

こうした取り組みの必要性は今後とも高まっていくと考えられ、どのようにすればしっかり支援していけるのか考えないといけない時期にきていると感じている。

5 農福連携の取り組み拡大の経緯から見えてくること

以上、様々な農福連携の取り組み方を紹介してきたが、それらの中では、社会福祉法人等から「施設外就労」の形で障害者が農家や農業法人で農作業の手伝いをする動きが、始める際のハードルが低く、かつ互いにメリットを感じやすいので、その関係が持続しやすい取り組みといえる。実際に、そうした取り組みが近年、急速に拡大している理由もそこにあると考えられる。そして、やがては農家のリタイアを機に、その農地を預かって社会福祉法人等が農業を始めたり、あるいは、農作業に慣れて技術を身につけた障害者が戦力になるとの判断から、農家や農業法人が自ら障害者を雇用していくというのが自然な流れといえる。このあと次章で紹介される「こころん」の農業部門の規模拡大の経緯や「京丸園」の障害者雇用の拡大の経緯を是非、参考にしていただきたい。

しかしながら、先駆的な事例は、前述のようにそうした道を辿らず、いきなり農業を始めたり、障害者の雇用に踏み切っている例が多い。逆に言えば、そのことが先駆的な事例が素晴らしい障害者による農業を展開していても、長く、それらが点的な存在のままで、後続の取り組みがなかなか出てこなかった理由の一つとして考えられる。

他方で、企業による農福連携の取り組みの歴史は浅いが、その広がりに勢いがあるのは、成功につながる取り組み方がいくつか確立されていて、後続の企業がそれを参考に取り組んでいることが理由として考えられる。

6 農福連携のこれから

現在、多くの道府県で、農福連携の取り組みに対して支援が行われ、まずは、「施設外就労」での農作業の手伝いという形で、多くの農家・農業法人と社会福祉法人等が結びつき出している。また、既に、農作業の手伝いという関係から次のステップに移行し、農業に本格的に取り組む社会福祉法人等や障害者の雇用に本格的に取り組む農家や農業法人も増えてきている。

農業者の高齢化、雇用労働力の深刻な不足は進行する一方であり、今後も、農作業の手伝いを通じた農家や農業法人と社会福祉法人等の結びつきが大きく増加し、その中から、農業に本格的に取り組む社会福祉法人等や障害者の雇用に本格的に取り組む農家や農業法人が出現してくる割合も加速的に増加する可能性が高いと考えている。

また、企業による取り組みでも、法定雇用率が今後も引き上げられていくと見込まれる中で、農村地域には、働きたいという意思があるにもかかわらず働けていない障害者がまだまだいると言われており、今後も成功事例を参考にして農業分野で障害者の働く場をつくる取り組みが増加していくものと思われる。

また、最近、注目すべき動きとしては、「白鳩会」や「くりのみ園」のように、点的な存在だった先進事例が、直売所やカフェ・レストランの運営をきっかけに、周囲との関わりを深めながら面的な展開をする動きが出てきていることである。そして、次章で紹介される「こころん」のように、鳥居の掃除や高齢農家のお手伝い、交流イベントなどで地域住民との交流に取り組むことで地域とつながり、新たなコミュニティを生み出しつつある取り組みも出てきている。「こころん」が地域に進出してきて一七年、農家の農作業のお手伝いを始めて一一年、自ら農業を始めて九年で、地域の農家、住民等と図8のような関係を構築することに成功している。農福連携が地域を変える、地域をおもしろくする可能性を秘めていることをこの図は雄弁に物語っている。

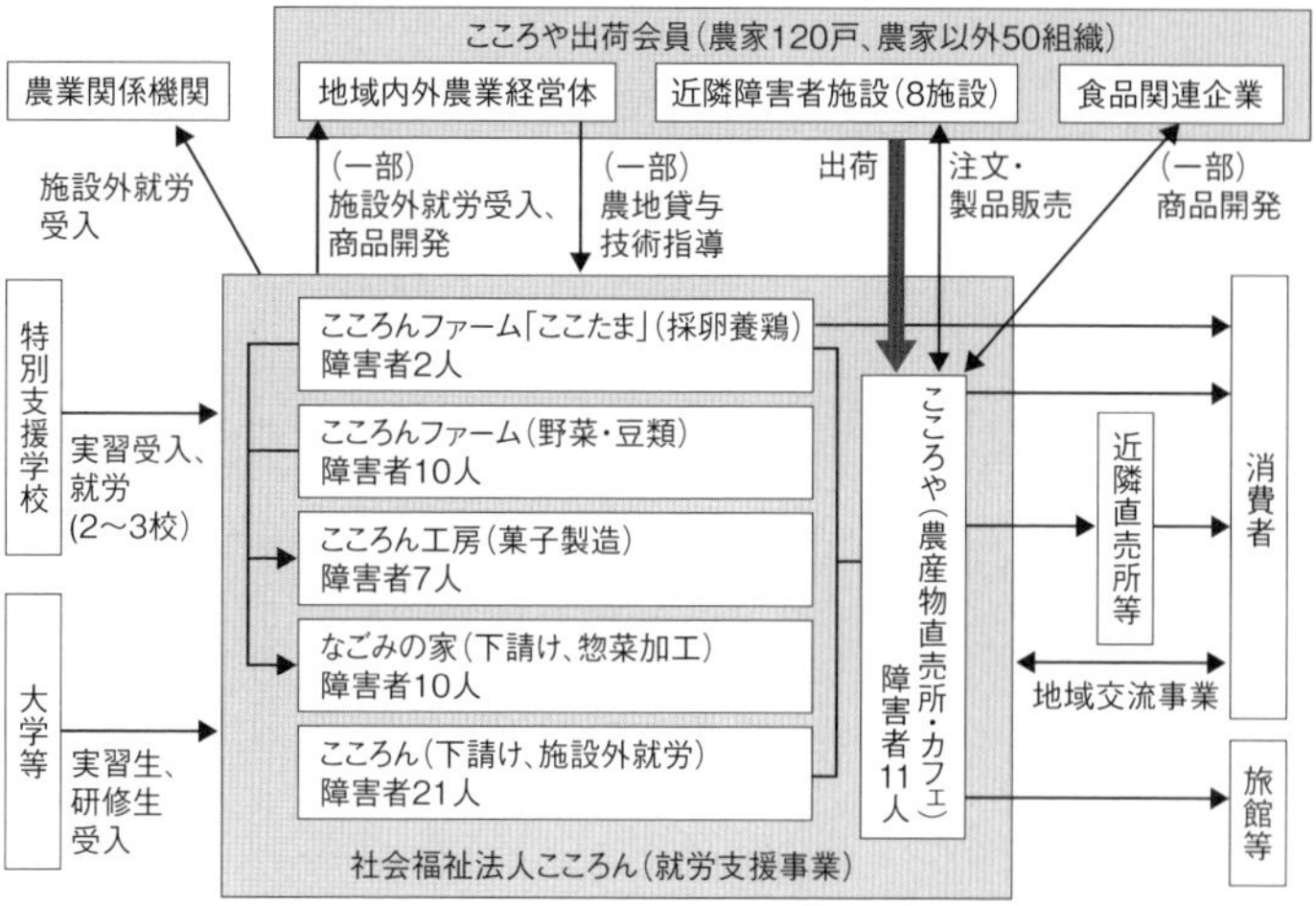

図8 社会福祉法人こころんと外部主体との関係構築

こうした「こころん」が実践しているような取り組みは、農業関係者でもなく、そして障害福祉関係者でもない人達に、農福連携の取り組みに関わってもらう機会も生み出している。多くの方々に積極的に農福連携に関わってもらうことで、「農福連携」という潮流がより大きなものになっていき、誰もが当たり前に参加できる社会が実現されることを期待したい。

※本文中に登場する福祉事業所は、二六二ページに一覧が記載されています。

参考・引用文献

●飯田恭子・香月敏孝・吉田行郷等（二〇一一）、「福祉施設における農業分野の障害者就労の実態と課題」、『二〇〇一年度日本農業経済学会論文集』（日本農業経済学会）、頁六四～七一

●小柴有理江・吉田行郷・香月敏孝（二〇一六）、「農業と福祉の連携の形成過程に関する研究」、『農林水産政策研究』第二五号、頁一～一七

●田島良昭（二〇一八）、『一隅を照らす蝋燭に』（中央法規）

●吉田行郷（二〇一二）、「農業分野における障害者就労の先駆け「こころみ学園」に学ぶ～ココ・ファーム・ワイナリーとの有機的な結び付きによるワイン用ぶどうの生産～」、『農村と都市をむすぶ』二〇一二年六月号、頁一六～二五

●吉田行郷（二〇一七）、「農福連携における施設・地域のつながりと組織運営」、『発達障害研究』第三九巻四号（日本発達障害学会）頁三二七～三三九

●吉田行郷・小柴有理江・石橋紀也（二〇一八）、「企業出資の障害者福祉施設の農業分野への進出の意義と課題」、『農業経済研究』第八九巻第四号（日本農業経済学会）、頁二五七～三六二

写真　おおもり農園、香川県社会就労センター協議会、ハートランド、こえどファームの写真については、それぞれからご提供いただきました。ありがとうございます。

Ⅱ章 農福連携・先進事例編

社会福祉法人 白鳩会

過疎だって売りにする。六次化農業のパイオニア

九州の最南端・大隅半島に「農福連携」の先駆者がいると聞いて、訪ねた。社会福祉法人・白鳩会の理事長・中村隆重さんが、「農福連携」という言葉が出てくるずっと前から、四〇年にわたって行ってきたのは「障害者と、農業で食べていく」という強い思いから生まれる、必死でがむしゃらな取り組みだった。

職員も障害者も見分けがつかない

鹿児島市内から鹿児島湾をぐるっと回りこみ、車で二時間ほど南下していく。大隅半島の南端に、南大隅町がある。この地で四〇年前から障害者と共に農業を続けているのが、社会福祉法人白鳩会だ。訪れた日の夕方、農場を見せてもらった。ちょうどにんにくの植え付けをしているところだった。

午後四時ごろ、夕日の中で一〇名ほどが作業している。誰が職員で、誰が障害者なのか、よくわからない。単に見た目の印象というのではない。作業の様子をしばらく見ていても、誰かが誰かに指示出ししている様子がなく、立場の違いがうまくつかみ取れなかったためだ。どなたかお話を、と声がけをすると、主任の加藤浩司さんが顔を上げ、作業を止めて、こちらにやってきた。

職員と障害者と、区別がつきませんね、と伝えると、「そうかもしれません。うちの場合、農場に出たらみんないっしょですから」と笑いながら、「たとえば、ほら」と、畑の端で耕運機を使っている二人を指さした。「彼らは二人とも障害者です。機械だって、使えるなら障害があるかないかは関係なく、誰でも使います」。安全に使えることが確認できるまでは、職員がいっしょに作業するが、できる人はどんどん機械の使い方を覚えて、自ら使いこなしていくという。

大隅半島でにんにくづくり

にんにくの生産は、昨年(二〇一三年)からはじめた。一・八町歩ほど試しにつくってみて、課題もあったが、今年は三倍以上の一五町歩に拡大する。「プレッシャーも大きいですけど、やりがいもあります」。大学では工学を学んだという加藤さん。一度は一般企業に就職したものの、違和感を覚え、白鳩会に転職した。農業は未経験だが、障害者といっしょになって働くことに喜びを見出しているという。

東京の運送会社から鹿児島の障害者施設へ

白鳩会の設立は、一九七三年。理事長の中村隆重さんに、経緯を聞いた。「元をさかのぼれば、私が東京でトラックの助手をやっていたところからはじまります」。南大隅町生まれの中村さん、東京の大学から一流企業への就職を目指したものの、かなわず、叔父の経営する運送会社に就職することとなった。「そのまま信じたわけではないですが、将来的には会社を任せるとも言われ、それも魅力でした」。ところが一年たっても、社長どころか、トラックの助手のまま。事務職にも回してもらえない。「景気がよくて仕事がじゃんじゃん入ってくる。現場は猫の手も借りたいくらい。事務所に人を置くくらいなら現場に、ということだったんでしょう」。これではいつまでたっても会社経営なんてできない。そう思って南大隅町に戻った。「親父からは、やっていた保育園を継げという話があったんですが、それではおもしろくない。何をやろうか、と思いついたのが障害者施設でした。というのも、弟が躁鬱病(現在で言う双極性障害)だったんです。定職を持つことができずに、苦労していた弟を、なんとかしてやりたいと思ったんです」。

自分は医者ではない。弟の症状を和らげることはできない。それでも何かできないか。そう考えて「いっしょに働ける場所づくり」をしようと、白鳩会を立ち上げた。

ここには農業しかなかった

白鳩会は当初、生活訓練や作業訓練をして、三年後に社会に出てもらうことを目標に活動していた。しかしそれでは、障害者を救うことにはならないと、中村さんはすぐに壁にぶち当たった。「支援や指導によって、障害者の社会的能力を高めることには限界がある。このやり方では、障害者が社会に出て自立生活を送る支援にはつながらない」。自ら仕事をつくり、仕事を通じて、障害者が自立生活に必要な収入を自分で得るのでなければ、難しい。

畑仕事から室内での軽作業まで、農業は仕事の宝庫

しかし、そのために何をすればいいのか。南大隅町でできることを、と考えたら、農業しかなかった。「しかし、それを『逃げ』と捉えるのではなく、前向きに、これで食っていける、食っていくための手段として捉えると可能性が広がる、そう思いました」。

みんながいっしょになって「稼ぐ農業」をやる

療育目的や、あるいは中村さんの言葉を借りれば「ままごと」ではない農業、つまり、働いて生活のための収入を稼ぐための農業をしなければ。そう考えたら、自然と「企業的な農業」という考え方に至ったという。「企業的な農業とは、農業を通じて障害者を教える、指導するのではなく、組織全体が農業で収益を上げるということです。どう稼ぐか、必死になって考える。すると、職員と障害者がいっしょになって農業をやることで、障害者だけではできない領域の作業や事業もでき、成果を上げることができる、という考え方になる」。

それには、職員の意識改革が重要だという。「何もしなければ、障害者の工賃は一万数千円。これはいまの全国平均が示す通りです。これではとてもやっていけない。私は障害者が必要な収入から逆算しました。南大隅町で自立した生活を送るには、最低月一一万円必要です。障害者年金の七万円を引いたら、四万円。じゃあ四万円を達成するには、どうするか。まず、職員は給料を二〇万円もらおうじゃないか。この二〇万円は、国から入ってくる。もし、この職員が自分の給料、二〇万円を農業で稼ぐ、という意識で働いたとしたら、五人の障害者に、四万円を支払うことができる」。つまり、職員一人で、五人の障害者を自立させられる、ということだ。職員と障害者がチームとなって、農業で、いっしょに月二〇万円の収益を目指していく。すると、そこには教えたり、教えられたりする絶対的な関係はなくなる。それぞれができることをし、できないことがあれば、できる人が補ったり、教えたりする。チームで生産性を上げなければ、全員が「食っていく」ことはできない。

障害者も職員も、共に「食っていく」ための農業。冒頭、にんにくづくりの現場で見た、誰が職員で誰が障害者かわからない感覚、教えるとか教えられるという関係ではなく、それぞれが独自に自分のできる作業をしている雰囲気は、中村さんの考え方が反映された結果なのだ。

障害者を「搾取」すると言われ続けた

いまでこそ「農福連携」という言葉が浸透し、農業で収益を上げる障害者施設に注目が集まるようになったが、中村さんが白鳩会を立ち上げ、農業をはじめた四〇年前には、そんな空気はなかった。「私たちは障害者を使って儲けようとしていると見られていました。搾取する人間だと」。療育としての農業はあっても、それで収益を上げ、障害者が食べていくための農業という考え方はなかった。行政も、厳しい目で白鳩会を見る。「いろいろな場面で、行政指導の対象になりました。監査の度に指摘を受けていましたね」。なぜ障害者に、それだけ過酷な労働をさせるのか。障害者は、利益追求の犠牲者ではないのか。中村さんは、毎年のように行政とぶつかり合った。十数年の間、戦い続けた。すると次第に社会の方が変わってきて、中村さんの考え方を受け入れ、それを「よし」とする価値観が生まれてきた。福祉に対する考え方が変わってきた。「障害者も、自らの努力によって、自立できるし、そうするべきだ、という考え方が、ここ数年で大きくなってきました。私たちの活動も、全国から注目していただくようになりました」。

自由な経営のため農事組合法人をつくった

農業をはじめてすぐに、農事組合法人を立ち上げたのも、「農業で食っていく」ための工夫だ。「農業で収益を上げるには、資本が必要です。土地しかり、設備しかり。資本がなければ経営できない。ところが、社会福祉法人は、農業経営にとっては制限が多すぎるのです」。土地の取得、先行投資のための借り入れ、助成金の申請。農業をやるための制度整備がない社会福祉法人では、大規模な農業経営はできない。農事組合法人の枠組みを使って、農業に必要な資本、すなわち土地と設備を四〇年間にわたってこつこつと築き上げていった。その結果、いまでは東京ドーム約一〇倍、「日本の障害者施設でもトップクラスでしょう」と中村さんが誇る広大な農地、製茶工場、一三〇頭の母豚から毎年二〇〇〇頭の豚を生産する養豚場など、福祉の枠組みでは考えられない規模の土地・設備を持つにいたった。

販路を開拓し市場の動きをつかむ

これらの「資本」を、白鳩会では柔軟かつスピーディーな経営に活用している。その一例が、市場ニーズに合わせた新しい作物への取り組みだ。

取材二日目、トマトのハウスを見せてもらった。とにかく規模の大きさに圧倒される。大きなハウスがずらりと並んださまは、まるで工場を見ているかのよう。ここでは高糖度のトマトをつくろうと、肥料や水やりを試行錯誤している。

冒頭で紹介したにんにくも、トマトも、白鳩会が取り組みを強化している作物だ。ほかにも、落花生、タマネギなどにも、近年力を入れている。その背景には、これまで白鳩会が主力としてきたお茶の市場が大きく変化してきたことにある。

「現状、年間売上のおよそ半分を占めているお茶ですが、近年、市場価格の下落が課題になっています」。白鳩会の販売促進部長・横峯浩文さんは言う。「もともとゆるやかな右肩下がりでしたが、昨年（二〇一三年）、大幅に下落。お茶に代わる作物の開発は急務です」。

ひたむきに、一心に作業に集中する

そこで注目したのが、トマトとにんにく。高い糖度のトマトも、品質の高いにんにくも、いま、市場のニーズが高く、高い単価で売れる商品だ。

福祉施設では珍しい、営業担当である横峯さんは、鹿児島県内を中心に、スーパー・小売店を回って販路を開拓すると同時に、バイヤーなどから情報を収集し、市場の動きを見極め、生産の現場と連携しながら、常にニーズにあった商品を提供し続ける役目も負う。そうすることで、安定した収益を得ることができる。

「六次化」で、価格決定権を取り戻す

白鳩会の販路に対する考え方にも先駆性がある。それはやはり、ここまで何回か繰り返してきた「食っていくため」という視点から生まれたものだ。

「つくったものをそのまま納めるのでは、小売側に価格決定権を握られ、買い叩かれてしまう。直接消費者とつながるためにはつくったものを加工し、商品化することと、自分たちで売る工夫が必要」との考えから、自前の製茶工場を持ち、栽培した茶葉は加工し自分たちの銘柄で販売。養豚場の豚は、と畜の後、自分たちで枝肉から精肉し、ハムやソーセージをつくって売っている。またレストランやアンテナショップなどをつくって販路を広げており、たとえば農場でとれた野菜などを使ってつくったジェラートは、鹿児島市内のショップ「花の木冷菓堂」で販売するなどしている。いわゆる「六次産業化」に、もう二〇年も前から取り組んでいるのが、白鳩会なのだ。「もののなかった時代はともかく、いまは外国からもどんどん入ってくる。ものの価格は叩かれる運命にある。六次産業化によって、自分で販路をつくることで、私たちの製品の良さをわかってもらえる客層をつかむことが、今後ますます必要になってきていると感じます」（中村さん）。

福祉と農業と観光で、南大隅にしかできないことを

いま、中村さんは、農業と福祉に「観光」を絡めた展開を模索している。「過疎化の課題を抱える南大隅町ですが、裏を返せば、そこに『秘境』があるということ」。白鳩会で最大規模を誇る農場「花の木農場」のすぐ裏には、「雄川の滝」という名瀑がある。また車で一時間ちょっとで行くことができる、九州最南端の「佐多岬」は、近年県が観光開発に乗り出した。「観光農園的な展開などを考えています。土地の魅力に人の魅力をプラスして、外から人を呼び込みたい」。「農業しかない」から「農業がある」への発想の転換。四〇年前、南大隅町で、障害者と共に生きることを決意した中村さんの思いは、いままた大きく広がろうとしている。

初出『コトノネ』12号（二〇一四年一一月発行）。文中の内容、データは掲載時のものです。一部加筆修正しています。

【白鳩会のその後】

二〇一九年六月、理事長が交代。中村隆重さんは参与になり、中村隆一郎さんが新理事長に就任。にんにくの栽培は、五・五町歩ほどに拡大。「花の木冷菓堂」では、農場でとれたおおすみちゃやブルーベリーのジェラートを販売中。

京丸園 株式会社

障害者雇用でユニバーサル農業へ

「農業のプロ」が、いかに障害者をとり込み、自らの武器へと変えていったかを見ていきたい。静岡県浜松市で水耕栽培を営む「京丸園株式会社」。園主の鈴木厚志さんは、障害者と出会うことで、自ら築いてきた農業のやり方を変えた。そしていまでは、それを日本中に広げようとしている。

障害者に合わせて生まれた野菜

がらがらと引き戸を開けて中に入ると、そこには一面の緑。外からの強い日差しがハウスのビニールでやわらげられ、ハウスの中の光はやさしい。新幹線がすぐ横を通っているが、中は静か。その静けさの中に、かすかに水が流れる音がする。水耕栽培施設を見る機会はあっても、これだけの大きさのハウスを見ることはあまりない。しかも同規模の施設が、ここだけでなくあと四カ所あるのだと聞いて、さらに驚いた。

静岡県下でも有数の規模を誇る水耕栽培農園「京丸園株式会社」。みつばや芽ねぎ、チンゲン菜などを一年通じて生産している。京丸園では一九九四年から、毎年一人の障害者を雇用し続け、いまでは二〇名の障害者が働く。園主の鈴木厚志さんは、目の前の緑を示しながら、「これは彼ら障害者がいたからこそ生まれた商品なんですよ」と言う。それが「姫ちんげん」だ。京丸園が独自に開発した、全長一二センチほどの小さなチンゲン菜は、汁の実や料理のいろどりとしてレストランで使われる高級野菜。単価も普通のチンゲン菜よりも高い。「このサイズのチンゲン菜を一日二万本出荷できるのは、全国でも、うちだけだと思います」と鈴木さんも自慢げだ。

静かなハウス内での作業

「姫ちんげん」の栽培がはじまったのは、一一年前(二〇〇四年)。京丸園の障害者雇用も軌道に乗りはじめたころで、鈴木さんは、障害者だけでつくれる野菜を探していた。「それまでつくっていたみつばとねぎは、ゴミをとったり、長さをそろえたりといった調整作業が必要で、それが障害者には難しかった」。比較的簡単なのがチンゲン菜だった。チンゲン菜でどう勝負するか、どうすれば売ることができるのか。考えた末に、ミニチンゲン菜という発想に至り、開発したのが「姫ちんげん」だ。「本当だったら売れる商品をつくるというのが正しいんでしょうけど、『姫ちんげん』の場合は逆に『人』からスタートしているんです」。いまでは「姫ちんげん」の売上は年間六五〇〇万円にまで達しているという。京丸園を支える柱の商品の一つにまで成長した。

給料はいらないから、働かせて

鈴木さんは、父親の代からの農家だ。水耕栽培をはじめたのはかなり早く、四〇年ほど前のこと。「それまではバラ農園をやっていたんです」。ところがある年、バラに連作障害が出た。同じ作物をつくり続けると収穫量が減ってしまうのが連作障害。こうなってしまうと、別の作物に転換しなくてはならない。「いままで積み重ねてきた技術やノウハウが、ゼロに戻ってしまう」。

連作障害に陥ることなく、技術をしっかり継承し、高められるような栽培方法はないのか、と探していた鈴木さんの父親が出会ったのが、水耕栽培。当時静岡県で水耕栽培をやっている農家は、なかった。「設備投資など、リスクも大きかったと思いますけど、親父もチャレンジャーですよね」。水耕栽培のパイオニアとしての父親の姿を若いころから見ていた鈴木さんは、新しいことにチャレンジするのは、当たり前のことだと思っていた。だから父親から農園を継いで、自分の代になったとき、それまで学んできた農業経営を生かして、新しいことにチャレンジしたい、という思いが鈴木さんにはあった。時期を同じくして、鈴木さんは障害者と出会う。その二つが、重なり合った。

「それまでも、求人を出すと、時々、障害者が応募してきていたんです」。親が、雇ってくれないかと相談に来るのを、以前の鈴木さんは断っていた。「お母さんが、わたしもいっしょに働くから、ここで働かせてほしい、と言うんです」。鈴木さんがそれでも断ると、時にはさらに食い下がってきて、「給料はいらないから働かせてくれ」と言ってくることもあった。当時三〇歳、働くことは給料を稼ぐことだと思ってきた鈴木さんには、その意味がわからなかった。「おかしなことを言う人たちだな、と思っていたら、福祉施設の友達が、そのお母さんの気持ち、わかるなあ、って」。

袋詰めの作業

障害者の力を借りて自分の農業を変えたい

どういう意味なの、と聞くと、その友達は、「お母さんは、たとえ障害を持っていても、自分の子どもが役に立つ場所がきっとあるんじゃないか、と探しているんじゃないかな」と言う。それを聞いて、鈴木さんは「働くことをそんなふうに考えたことがなかったので、恥ずかしくなっちゃって」。

少し考えを変えた鈴木さん、最初はボランティアのつもりで、障害者を雇い入れてみることにした。「障害者を雇ったら、パートさんがいっしょに働きたくないって抵抗するか、障害者がいじめられるか、どっちかの問題が起こりそうな予感がして、怖かったんですけど」。鈴木さんは、そうなったときの言い訳や対応策まで考えて、やってみることにした。

雇ってみたら、その二つの懸念は当たらなかった。「パートさんたちが彼らをサポートしてくれるという、予想もしなかったことが起きて」。職場のみんなが、障害者を応援してくれた。「つまり、みんなやさしくなったんです（笑）」。やさしくなったら、職場の雰囲気もよくなった。その結果、作業効率が上がったと言う。「農業って手作業が多いですから、気分というか、雰囲気で作業の効率って全然変わるんですよ。僕らだって、ケンカしながら作業しても能率は上がりませんから」。

障害者を受け入れることで、結果的に生産性が上がるとは予想もしていなかった鈴木さん。会社全体のパフォーマンスを高めることができた。これはこれからの農業にとっての、カギになるんじゃないか、と考えた。「それで、ボランティアっていう言葉を忘れて、ちゃんとビジネスパートナーとして彼らを迎え入れようと決めて」。一年に一人ずつだが、定期的に障害者を雇用することにした。「そうすることで、自分たちの農園が変われそうな気がした」。

ユニバーサル農業で家族経営からも脱皮

鈴木さんが「変われそうな」と言ったのには、背景がある。「当時の農園は、家族経営の延長線上で、限界が来ていた。休みもなく三六五日みんながフルで働いて、夜中の一二時まで、なんていう日もザラで。それでも売上は頭打ちで。農園がギスギスしていました」。そんな状況の中で、どういう変化をもたらせるか。ちょうど三〇歳、父親から農園経営を引き継ぐ時期だった。「経営の勉強をはじめたのと、障害を持った人たちとの出会いがちょうどいっしょで。じゃあ、彼らの力を借りて自分たちの農業を変えていくことを、自分のスタイルにしよう、と」。

農園の経営を引き継いだときは、年間の売上は六五〇〇万円くらい。農園の規模もいまよりずいぶん小さく、水耕栽培のハウスは一カ所しかなかった。それから二〇年、障害者を一年に一人ずつ雇用してきて、売上もいまでは二億九〇〇〇万円にまでなった。規模拡大に成功したのは、家族経営から抜け出し、法人化して「企業」として農園を経営することができるようになったからだ。「いままで自分たちがやってきた業務を一つひとつ見つめ直し、何をしているのかを体系化・可視化することで、誰でも農業に参画できるようにしました」。一部の人の経験や勘に頼っていた農業を、誰にでもできるようにすることで、障害者はもちろんのこと、鈴木さんをはじめとする「家族」以外の人にも業務を渡すことができるようになった。さらにそれぞれの業務がどれくらいの時間や作業量で完了するのかを可視化することで、コスト計算や効率化も可能になった。

こうした変化は、障害者と共に働くことで可能になった、と鈴木さんは言う。「彼らが、誰の助けも借りずに、一人で作業できるようにするには、どうしたらいいのか。彼らを変えるのではなく、働く環境の方を変えていった結果、誰がやっても同じ結果が得られる農業をつくることができた」。たとえば、チンゲン菜の定植。普通のやり方では、苗をまっすぐにさせない人もいる。だからといって、作業のあとで誰かがすべてをチェックして直す、というのでは意味がない。そこで鈴木さんは、定植の際に使う発泡スチロールの型に工夫をした。パレットの大きさに合わせた発泡スチロールの板に、いくつもの穴が開いていて、そこに苗を植えていくのだが、その穴を少しすり鉢状にすることで、誰がやってもまっすぐに苗を植えることができるような工夫をしたのだ。

障害者の目線ですべての作業工程を見直すことで、経験のあるなし、身体能力、年齢に関わらず、農業は誰もができるものに変えられる。鈴木さんはこれを「ユニバーサル農業」と呼んで、京丸園の経営の核に据えている。

農福や福福連携、さらに、企業も地域ごと

「ユニバーサル農業」の考え方を広げることで、鈴木さんはいま、地域や企業を巻き込んだ農業を展開しようとしている。

「姫ちんげん」をつくっているハウスを出て、道路を挟んだ向かい側の小さな建物へ。中では、大勢の人がチンゲン菜のパレットをハウスから運び込み、根を切り、さらに形をそろえ、袋に詰めたものを、出荷できるように箱詰めする作業をしている。大きな音はチンゲン菜の根を切る機械の動作音。

運び込んでから箱詰めまでは、流れ作業のラインになっている。従事しているのは全員障害者だそうだが、よく見ると、帽子の色が二種類ある。京丸園では、伊藤忠テクノソリューションズ株式会社の特例子会社である、「株式会社ひなり」から障害者を受け入れている。正確には、京丸園が株式会社ひなりと作業請負契約を結び、業務の一部を委託するという形をとっている。

京丸園の施設を使って特例子会社が仕事を行う。法定雇用率を達成したい企業にとっても、働き手が欲しい京丸園にとってもメリットのある話だ。「企業は、設備投資のリスクなく障害者を雇用できます」。

障害者ができる農業、誰もができる農業

さらに鈴木さんは、「NPO法人しずおかユニバーサル園芸ネットワーク」を立ち上げ、静岡県下にこの動きを広げている。結果、県内で七つの農家が手を挙げ、京丸園同様、作業請負契約の形で障害者の受け入れをしている。「農業は、障害者の仕事としてはとても有望なのですが、企業にとっても、福祉施設にとっても、設備投資がかかるというリスクがあります。一方で地域の農家は、高齢化・過疎化で後継者不足、働き手不足に悩まされている。そこをマッチングできれば、誰にとってもメリットのあるモデルがつくれる」。京丸園では、地元の就労継続支援B型から、施設外就労も受け入れている。企業と福祉と、地域の農業が連携できるモデル。それが可能なのも、誰もが農業に参画できる「ユニバーサル農業」の考え方があればこそだ。

これから全国に「ユニバーサル農業」の考え方を広げたい、という鈴木さん。「農家は、何もなければ自ら変わろうとはしないんですよ。僕も障害者と出会ったことで、変わることができた」と言う。全国の農家が障害者と出会い、日本の農業が変わる、そんな日を夢見ている。

初出『コトノネ』13号(二〇一五年二月発行)。文中の内容、データは掲載時のものです。一部加筆修正しています。

【京丸園のその後】

取材から四年が経ち、障害者は二五名に増員。「姫ちんげん」の出荷数は一日、二万五千本、年間売上は一億円。農園の総売上高は、四億円以上に拡大。

株式会社　九神ファームめむろ

工賃三千円の人が月収一〇万円の人になる

北海道芽室町にある「九神ファームめむろ」。就労継続支援A型事業所として二〇一三年四月に事業開始した。芽室町ではじめてのA型は、全道で比較しても高い工賃を達成し、障害者が地域で働き続けることのできる場所をつくり上げたというだけでなく、「九神ファームめむろ」の卒業生たちが、町に出て働くことで、町の中に障害者を送り出す役割も担いつつある。

障害があっても働き続けられる町に

取材の日の朝、芽室町役場の前で、「九神ファームめむろ」事業アドバイザー・且田久美さんと、一人の女性が話をしていた。「そう、がんばってね」と声をかけ、且田さんはこちらへ。「この間まで、うちの利用者だったんです。今年の四月から、町役場で働いているんだけど」。うちの仕事がやりがいがありすぎたのか、町役場の仕事は、ちょっと拍子抜けみたい、と苦笑い。こうやって、「九神ファームめむろ」から「卒業」して、町で働く障害者が、これからどんどん増えていくのだろう。

「とにかく、子どもたちの顔が生き生きしている。この取り組みをやってよかったと思うのは、その顔を見ているときです」と話すのは、芽室町長の宮西義憲さん。もともとは町の教育長も務めていた宮西さん。芽室町で子どもたちが生まれ育っていくことについて、課題を感じていたという。「義務教育を終えてしまうと、行政として手を差し伸べることのできる政策がないのです」。たとえば、不登校の子どもがいたとして、中学生のときにどうにか不登校が解消したとしても、高校に入った後でもしっかりとした支えがないと、再び家庭に引きこもるようになってしまう。「社会人になった後でも、そういった子を支えることができたら、普通に生きていけるんじゃないか」。

宮西町長を動かしたのは「個性のまま生きて、なぜ悪いのか」という思いだ。「教育の現場で長い間いろいろと見てきました。不登校も、障害も、個性じゃないか、と。個性のままで生きて、何が悪いのか」。

生きづらい人、障害のある人が、個性のまま、地域でずっと生きていくために、行政として考えなければいけないのは、「働く場」と「住む場」をしっかりと確保することだ。そうすれば、自立できる。宮西町長は、そう考えた。当時、芽室町には大きな社会福祉法人が一つあるだけ。そこには就労継続支援B型事業所はあったが、A型や特例子会社など、障害者が本格的に働くことのできる場所はなかった。「うちでも働く場をつくろう、障害のある人の就労を考えよう」と、動き出した。

行政にはスピード感がない

動き出すと、出会いが起きる。『コトノネ』12号でも紹介した、障害者雇用の先進的な取り組みを続ける、株式会社エフピコの特例子会社、ダックス四国・且田久美さんとの出会いだ。「わたしたち芽室町としては、社会福祉法人さんとではなく、一般企業と協業してみたい。しかも、芽室町の基幹産業である農業を武器にしていただける発想を持った方と仕事をしたいという思いがありました」（宮西さん）。ところが、芽室町から且田さんに「ぜひ来てください」と声がけをしたものの、その後二年ほど話が進まず、そのままになっていたという。且田さんは「わたしが別の企業さんのお手伝いをしていたので、動けなかったということもあるんですけれど、まさか本気で言っていたとは」と当時を振り返る。「行政に企業と連携できるようなスピード感があるとは、思えなかった」。ようやく話が動きはじめたのは、有澤勝昭さんが、芽室町の保健福祉課福祉係長として赴任してから二年半年後の、二〇一二年のことだった。関わっていた企業の仕事が一段落したので、且田さんは、芽室町を訪問し、宮西町長や有澤さんの話を聞いた。「本気」を感じた。それからの動きは、速

宮西町長（左）、且田さん（中）、有澤さん（右）

かった。あっという間に「プロジェクトめむろ」の大枠をつくり上げた。

ビジネスは「出口」から考える

「プロジェクトめむろ」を構想するにあたって、且田さんは「出口」から考えた。障害者が働き続けることのできる場所をつくるためには、永続的に仕事を生み出し続けなくてはならない。そのためには、売り先、あるいはサービスの提供先となる「お客さん」をつかんでおかなければならない。且田さんは、エフピコの取引先である「株式会社クック・チャム」との連携に思いいたった。芽室で十勝産の農作物を障害者が生産・加工しクック・チャムのある愛媛県に送る。クック・チャムにとっては、障害者雇用を拡大することによる社会貢献活動としての側面はもちろんだが、「十勝産」の素材を使った惣菜づくり、弁当づくりができることによる商品力アップの効果も大きい。

企業のスピードと判断に食らいついていく

「プロジェクトめむろ」の基本構想が固まり、実際に実現に向けて動き出したとき、芽室町の有澤さんは、企業の「スピード感」に驚かされたという。

「わたしたちも、ほかの自治体と比べれば、比較的スピード感を持って動けているのでは、という自負がありました」と有澤さん。行政が一つのプロジェクトを実行しようというときにいちばんの壁になるのが「縦割り」だ。たとえば、土地を確保するには都市計画課と話をつけ、その土地で行う事業の計画については商工課と調整する。いくつもの組織が関わることで、時間がかかって、結局計画が実現しなかったり、当初の目的とは大きく異なるものになってしまうというのは、しばしば聞く話だ。

しかし芽室町は「過去に、企業誘致のプロジェクトの経験がありましたので、いろんな課が連携することには比較的慣れていた」と有澤さんが言うように、宮西町長がリーダーシップを取り、主に八つの課からなるプロジェクトチームを結成。有澤さんが調整役となって各課連携を取りながら、スピード感を持ってプロジェクトを進めることにした。それでも「最初のうちは、わたしたちのスピードの速さに、戸惑うことが多かったように思います」と且田さんは厳しい。

「九神ファームめむろ」の工場では、誰もが作業に集中している

農業王国に遊休農地はなかった

いちばん調整に苦労したのは、行政内というよりも、地域との関係性だ。「行政だけでできないこともあります。きちんと町民に説明して、理解していただかないと、進められない」。最も象徴的なのは、農地の問題だ。「ここには遊休農地はないんです。すべて優良農地。だから手放したい、他人に任せたい、という人はなかな

かいない」と宮西町長は言う。

本連載でしばしば取り上げてきたように、本州では、障害者施設は、耕作放棄地を借りたり、後継者不足に悩む農家から事業を継承する、といった手法で農福連携が進むことが多い。しかし北海道では、農業は道の基幹産業としての位置づけを失っておらず、耕作放棄地の課題や、農業の担い手不足の課題は、それほど大きくなってはいない。「いまも意欲のある、若い農家は多い。農地があればそれだけ作物をつくりたい、という人はいるのです」。農家ではなく、民間企業が農地を持つには法的な制限がある。とりわけ福祉が農業を、となれば「せっかくの土地を遊びで使うのか」と反発も起きかねない。行政がプロジェクトの意義をしっかりと地元に説明するために、知恵を使い、心を砕いたという。

農業から、加工に切り替える

また、企業ならではの「経営判断」に、有澤さんは当初反発に近い感情を覚えたという。農地取得が難航し、当初は十分な量の農作物を自分たちで確保することが難しいとなったとき、且田さんは、農作物をJAから購入し、障害者は加工作業に特化することを決めた。しかし有澤さんには、それは受け入れがたいことだった。「それは農業じゃない。加工作業でしょ、と。障害者には農業をやってもらうんじゃないの、と」。且田さんは一貫して「まず仕事ありき」の姿勢を崩さない。「何をやるか、はさほど重要じゃない。農作業かどうか、なんてことにこだわって、いつまでも何もしないのはナンセンス」

と取り合わなかった。「ずいぶん議論しました。メールの言葉づかいも、だんだん乱暴になって（笑）」と有澤さん。何度もやり取りしながら「事業として成立させなければ、なんの意味もない」という且田さんの信念を次第に理解し、今ではちゃんと「胸に落ちている」という。

「働く場所」から町へ、地域へ広がる

芽室町嵐山地区にある「九神ファームめむろ」の工場を訪れた。昨年（二〇一五年）にできたばかりという清潔な作業場の中で、一〇名ほどが働いていた。とにかく驚かされるのが手の動きの速さ、正確さ。あっという間にじゃがいもの皮をむき、同じ大きさに切りそろえていく。「うちで働くまで、この人たちは月に三〇〇〇円しかもらってなかったなんて、信じられないでしょう」と且田さん。いまではここで働く人の平均工賃は約一〇万円だという。チーフとして、ひときわ目立つ手さばきで作業しながら、ほかの人たちの作業の進捗を見守っている川本さんは、昨年、「九神ファームめむろ」の利用者から職員になった。ここに来る前は、ずっと家に引きこもっていたのだという。人前で何かやったり、人に指示を出したりするのは苦手、とい

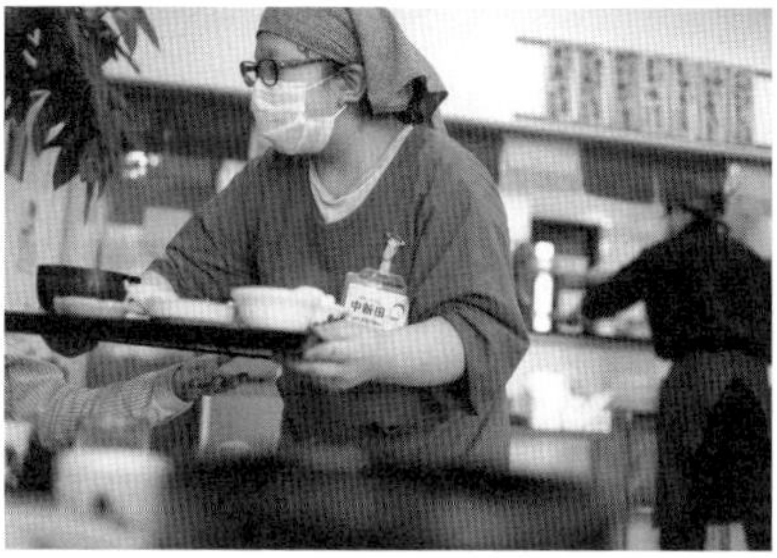

芽室町内にオープンした食堂「ばぁばのお昼ごはん」でも、障害者が働く

う川本さんに、じゃあなぜチーフになったのですか、と聞くと「ここで働いているうちに、『ぼくをここまでにしてくれたんだから、やらないといけない』という気持ちになったんです」と言う。仕事を通じて強い責任感が生まれた。川本さんも、将来的には冒頭で紹介した女性のように、ここを卒業し、芽室の町で働くことだろう。

「九神ファームめむろ」は、農業を通じた障害者の働く場所づくりから、さらにその世界を広げようとしている。それが「働くを感じるツアー」事業だ。全国の特別支援学校の生徒や、障害者雇用に興味関心のある組織や団体の人たちが、修学旅行の旅行先として、あるいは研修旅行として「九神ファームめむろ」を訪れる。ここで働いている障害者たちの姿を見て、「働く」とはどんなことなのかを肌で感じる。夜には「九神ファームめむろ」で働く障害者とディスカッションをする。そこでは、働くことで感じた苦しさや楽しさが、生の声として語られる。すでに二〇一五年には約三〇〇人を受け入れ、その数は増えている。

「障害者が働く場所」というだけはない。「九神ファームめむろ」からは、多くの障害者が芽室の町中に「巣立って」いく。また全国から障害者が「働くこと」を学びにやってくる。まるで「ポンプ」のように、障害者を地域に送り出すことで、芽室の町全体が「誰もが、当り前に働いて生きていける町」になろうとしている。

初出『コトノネ』19号(二〇一六年八月発行)。文中の内容、データは掲載時のものです。一部加筆修正しています。

【九神ファームめむろのその後】

二〇一八年四月より、クック・チャムの北海道一号店として、帯広市に店舗がオープン。第二工場では、店舗で販売するお惣菜等の加工も手がける。取材当時の町長宮西義憲さんは、二〇一八年に退任。

株式会社 えと菜園

「ホームレス農園」は、みんなの農園

「ホームレス農園」として知られる農園が、
神奈川県藤沢市にあると聞いて訪ねてみた。
そこは、ホームレスだけでなく、
引きこもりも、障害者も、さらには健常者も、
地域も変えていくという思いで、運営されている農園だった。

普通の農作業とちょっと違う

キィーン。上空、かなり低いところを飛行機が通過する。あれは厚木基地の米軍機だろうか。鉄塔の下に広がる畑。藤沢市の、市街地を少し離れたところに、こんなに平らで広い土地があることに少し驚く。その広い畑の中には、六〜七人の男女が集まっている。作業着やつなぎに長靴の人もいるけれど、中にはきれい目のジーパンに白シャツ、スニーカーの人もいて、格好はまちまち。農家の集団には

見えない。

午後二時。農作業をはじめるには少し遅い時間だが、この時間から作業がはじまる。いったん集合して、お互いに自己紹介。その後、リーダーから作業の説明がある。今日は雑草の草刈りと、ネギの植え付けがメイン。作業を見学していると、いわゆる普通の農作業と少し違うことに気がつく。たとえば途中で手を休め、雑草についてのレクチャーがはじまったりする。あるいは、作業している人たち同士で、その作業についてだけではなく、他の事についてもしばしば話しこんだりしている。だらけている、というのではない。ただ、作業にだけ集中するのではなく、そこにあるものや人、そこで起こることに注意を向け、それを楽しんでいるように見える。農作業を「する」のではなく「味わっている」と言えばいいだろうか。実は、ここで行われているのは、生活困窮者や就労困難者を対象とした、就労支援プログラムだ。「農スクール」という。

代表の小島希世子さん。時に雑談しながら、楽しく、が「農スクール」のモットー

働けない人を誰でも受け入れる

農スクールでは、いわゆるホームレスだけでなく、生活保護受給者や、引きこもり、職場や学校があわずにうつなど精神を病んでしまった人など、さまざまな事情で「働きたいのに、働けない」

人を受け入れ、就労につなげている。障害者手帳を持っているかどうかを聞くことはないが、その中には一定の割合で、精神、あるいは知的に障害のある人も含まれるという。地域の支援機関の紹介のほか、ウェブサイトなどで農スクールのことを知った人も門を叩く。代表の小島（おじま）希世子さんは「どこからの縛りも受けていないので、誰でも受け入れることができます。参加の条件は、休まない、遅刻せずに来る、あいさつをする、これだけです」と言う。

就労支援事業所ではなく、公的な助成金も利用していないが、利用料は発生しない。運営費は、「えと菜園」の他事業（後述）と、農スクールで就労した「卒業生」からの「寄付」でまかなっている。「もちろん強制ではありませんが、世の中持ちつ持たれつだと思っているので、お願いしています。けっこう皆さん、快く協力してくださるんですよ」と小島さん。

作業の時間はどんどん短くなった

農スクールは、毎週水曜日の午後二時から四時までの二時間行われている。「はじめたばかりの頃は、毎日五〜六時間畑に出ていました。でも、もっと短い時間でも同じ効果が得られることがわかってきて、どんどん時間を短くして、今の形になったんです」。「自分と向き合うための時間」を凝縮したものにすることで、時間が短くなっても、逆に就労につながる効果は高まったという。「人生は短いですから。同じ効果なら、かかる時間は短いほうが、いいでしょう？　その分、好きなことをすればいいと思うんです」。

「自分と向き合う」ためのツールとして農スクールで活用しているのが、「ワークノート」だ。一日の終わりに、その日の作業の振り返りと、それを通じて得た自分の気づきを、一枚の紙に書き込む。もともとは小島さんが、認知行動療法の手法をアレンジしてはじめたものだ。時間にしておよそ五分。しかしこの短い時間が必要なのだ。自分に何ができて、何ができないのか。自己観察と気づきの機会として必要な作業だ。「この時になってはじめて『字が書けない』ことがわかる人もいる。そういう意味でも大切なんです」と小島さん。

農スクール受講者も、ボランティアも一緒になって作業する

農スクールに通いはじめると、早い人では三カ月ほどで就職先が決まる。小島さんは、農スクールでは「仕事ができるようになる力を身につけるのではない」と言う。「ここに来る人たちは、もともと普通に働ける能力のある人がほとんどです。でも、ここに来るときには、みんな自信を失っている。農業を通じて、自分を見つめ、自分はできるんだ、と気づくことができた人は、すぐに働くことができるようになります」。働く力を身につけるというよりは、自分を見つめ直し、自分の可能性に気づくために必要な作業として、農業を活用している、というイメージだ。

農家では人を求めている

就労に際してポイントになるのは、卒業生を受け入れてくれる就労先となる農家とどれだけつながっているかだが、小島さんはここで、前職でつくったネットワークを生かしている。小島さんは。有機農法を実践している農家が集まる生産者組合で働いていた。就農先には困らないという。「どこでも人手不足なんです。就労困難者であっても、障害があっても、まじめに働いてくれる人であれば来てほしい、という声は多い」。もちろん就労先を紹介するにあたっては、丁寧なマッチングを行っている。「何ができて、何ができないのかを、働く方も受け入れる方もお互いに理解していないと、うまくいかない。でもこれは、どこでもいっしょで、ホームレスだったからとか、障害があるから、とかは関係ないんじゃないでしょうか」。

昨年(二〇一六年)は、八人を受け入れ、そのうち四人が就農。他にも農業大学校に通いはじめた人や、市民農園を借り、農業に取り組み続ける人もいる。

「定着支援」のように決まった形があるわけではないが、就農先へのフォローも行う。就農した人、受け入れ先の双方に、電話で確認する。これまでの就農先は、北は東北、南は九州にまでおよぶ。電話ではらちが明かない、となれば、直接行って話し合う。「面と向かって腹を割って話すことで、課題がハッキリするんです。でも、ハッキリしすぎた結果、やっぱりお互い一緒にやらないほうがいい、ということになってしまう時もありますけれど(笑)」。

農家になるかはわからないけれど

農スクールの参加者の中から、二人に話を聞いた。

Wさんは、川崎の生活困窮者の人たちが住んでいる「寮」で暮らしながら、農スクールに通っている。「今年の春から通い始めました。それまでは農業をやったことはなくて。覚えることがたくさんあって大変ですけど、楽しいですよ。これを仕事にするかどうかはまだわからないけれど、ここで教えてもらったことをしっかり身につけてから、その後のことを考えようかな、と思っています」。

Eさんは、二〇代前半で精神疾患を患った。数年間は苦しんだが、最近は落ち着いてきたこともあり、「自然と関わりたい、自然のことをもっと知りたい」と、インターネットで調べて、農スクールの門を叩いた。「どうしても作業中に雑草や虫たちのことが気になってしまって、なかなか効率よく作業できないんです」と笑う。ここに来て、他の参加者と話すことが楽しいという。「英語学校にも通っていますし、将来はセラピストになりたいという夢もあります。農業を続けているかはわかりませんが、ここの経験はとても役に立っています」。

「いろんな背景・いろんな価値観を持った人たちが、畑という一つの空間で、お互いを尊重しあいながら、一緒に作業するからいいんです。だからこそ、いい意味での化学反応が起きるんです」と小島さんは言う。あらゆる就労困難者がやってくる農スクールでは、参加者の抱える「生きづらさ」もさまざまだ。ある「生きづらさ」を抱えた人が別の「生きづらさ」に出会うことで、少し身軽になることもあるという。「上司とうまくいかず、うつになり会社を辞めた三〇代の男性がうちに来て『自分は世界一不幸だと思っていたけれど、違っていた』って。その時の農スクール受講生の中に、リーマン・ショックで会社をクビになって、ホームレスになってしまった四〇代の男性がいたんです」。

「農」の価値を使って人と地域をよくする

農スクールの生みの親であるえと菜園では、二つの事業を展開している。熊本の農家と連携して、有機農法を主体とした安心・安全な農作物を販売する通販ショップ「えと菜園オンラインショップ」と、農業を覚えたいという人向けに、農薬を使わない農法を指導する市民農園「コトモファーム」だ。農スクールも含めたこれら三つの事業を有機的に連携していくことが今後の目標と、小島さんは言う。「オンラインショップでは、農家の支援を通じて地域とその環境を守る。農スクールと市民農園では、現代人の心を守り癒やすと同時に、地域の農の担い手や理解者を増やす。農の持つ価値を守り伝えることで、地域や社会をよくしていこうという点で、これらの事業はつながっています」。

すでにえと菜園では農スクールの方法論を活用し、二つの方向性に事業を広げている。一つは、各自治体で、農スクールのメソッドを取り入れた就労支援事業を展開している。「必要なものは畑だけ。

講義を行う教室や、大きな事務所は必要ありません。ですから簡単に、安くはじめることができるんです」。

もう一つの方向性が、企業研修だ。新入社員研修やチームビルディングなどに、農スクールのメソッドを活用する。すでに一部上場企業などから依頼を受けているという。

市民農園「コトモファーム」では、一般の畑サービス以外にも「上級者コース」という半年間の講座を開設し、これら市町村の就労支援事業や、企業研修の指導に携わる指導員の養成を行っている。

「農」を仕事の場として捉えるだけでなく、同時に地域や社会を支える、古くて新しい「社会資源」として活用する。えと菜園が目指す事業モデルからは、農が持っている新しい価値とその可能性が見えてくる。

初出『コトノネ』23号(二〇一七年八月発行)。文中の内容、データは掲載時のものです。一部加筆修正しています。

【えと菜園のその後】

農スクールは、二〇一七年までに、八〇名を受け入れ、三五名が就労、一七名が就農。ホームレス・生活保護の方は無料で参加ができ、生活困窮の方は要相談。

社会福祉法人 こころん

村の鳥居が教えてくれたこと

自然も人も、廃棄物もすべてが資源。
そのための自然栽培であり、有機栽培であり、養鶏事業だった。
捨てるものなどない、捨てなければいけないものはつくらない。
目指していたのは、そんな地域づくりだった。

荒れたままの神社と鳥居

村の小さな鳥居が、福島県にある社会福祉法人こころんの農業を大きく動かした。

こころんは、二〇一〇年から農業に取り組んできた。昨年(二〇一八年)の暮れ、こころんの畑に隣接する神社の鳥居を掃除した。その鳥居は、東日本大震災で傾き、篠竹におおわれ、雑草が生い茂るばかりだった。いいのかな、このままで。農業担当の関根考迪さんは、ずっと気にかかっていた。でも、勝手に手出しもできない。畑を借りている地主に聞くと、「みんな年とって誰もやれねぇ」と言う。「じゃあ、ぼくらでやりますよ」とことわって利用者とともに神社のまわりの草を抜き篠竹を刈った。震災から八年ぶりにすがすがしい鳥居が姿を現した。四人で、わずか、四時間ほどの作業だった。

作業をしていると、近所の人や通りがかりの人から何人も声をかけられた。「昔はこうだった、ああだった、と楽しそうに話しかけてくれるんですよ」と関根さん。それからは、こころんの畑にときどき顔を出しては話しかけてくれる。「ここは水路だから、水口に枝を一本挟んで水量を調節すればいい、それ以上にするとあふれるからな」と昔からの農家にしかわからない貴重な情報を教えてくれた。

鳥居をきれいにしてくれたことがよほどうれしかったのか。それとも、近づく機会を待っていたのか。

雑草を刈り、ひとところに集めて、燃やす

話し相手になってとは、言えない

「きっと、話がしたかったのよ」と、理事の熊田芳江さんから昔話が出てきた。一三年前（二〇〇六年）、「直売・カフェこころや」を開所してすぐの出来事だった。「こころやの隣のばあちゃんだけれど、毎日買いにやってくるの。それも、キュウリだけを買って帰る。帰ったと思ったら、すぐまたニンジンを買いにくる」。母屋を息子家族に譲って、ばあちゃんはじいちゃんと離れで二人暮らし。「じいちゃんとケンカばっかりしてるから、誰かとしゃべりたくてしょうがない。話しかけてもらいたくて、ちょこちょこ何度も顔を出すようになった」。話し相手になると、もう農作業はできないから、畑を使ってくれと言ってくれるようになった。それが、こころやのハーブ畑に姿を変えた。「ばあちゃんは死んじゃったんですけど、残されたじいちゃんが、農機具の保管庫も貸してくれるようになって」。その農機具だって寄付してくれた。農地といっしょに機械もくれた。

軽い気持ちでやったことだが、鳥居をきれいにした効果はてきめんだった。いっきょに村の人とのつきあいが深まった。「ばあちゃんの畑を耕してあげたりして、気軽に声をかけ手伝うようになった。九〇度に曲がった腰で、小さい機械でやっていたら、ちょっとした作業も一日がかり。ぼくらに任せてと言って、トラクターでやれば一〇分ぐらいで終わる」と関根さんが話を引き継いだ。ばあちゃんは、若い人はすごいと大よろこび。つながりがつながりを呼んで、あっちこっちから、田んぼや畑を使って、寄付するよと持ちかけられるようになった。

地元のお年寄りは、自分から積極的に声をかけることはしない。「助けて」なんてなかなか言えない。「人様に迷惑はかけるなっていうのが強い地域なんです」(熊田さん)。

鳥居が、地域と障害者施設を取り持ってくれた。おかげで、地域の人が地域に心をひらくことができた。「今度はこの石が傾いた鳥居も直さないと、とみんなでお金を出して」という声も起こっている。

美しい棚田で自然栽培

広い三枚の田んぼがゆるやかにつながっている。山にへばりついて枝を切り取る人、田んぼの草を刈り取る人。二つの班に分かれて、棚田の開墾にはげむ職員と利用者たち。一カ月かけて見通せる棚田になった。棚田の上にはため池がある。もうすぐ理想的な田んぼに生まれ変わるだろう。五月の連休後には田植えにかかる。

棚田が、清々しい耕作地に戻った

「池には、絶滅危惧種もいます。六月末ごろには、ホタルが乱舞します」(熊田さん)。農作業の手を休めての楽しみも多いだろう。

こころんの耕作地は、田んぼが一・一ヘクタール、畑が二・五ヘクタール。田んぼは、すべてコメを自然栽培。畑では菊芋も自然栽培する。有機農法の畑では、スナップエンドウ、オクラ、玉ねぎ、ニンジン、大根など二〇品目ほどの野菜を栽培している。

菊芋は世界三大健康野菜のひとつ。「天然のインスリン」と言われる「イヌリン」を多量に含有。糖尿病にいいとして人気が高まっている。こころんでは、二年前から手掛けた。栽培は難しくないが、全国的にもつくっている農家は少ない。「菊芋は、売り物にするのに人手がかかる」(関根さん)。根が深いから掘り上げがたいへん。土を洗い落とすのにも手がかかる。茎の隙間に土がこびりついて、高圧洗浄でも取れないことがある。だから、人手に恵まれた障害者福祉施設でなくては手が出しにくい。「菊芋は、クセがなくてどんな料理にでも合う。サラダ、味噌漬けもおいしい。大根みたいなシャキシャキ触感もいい」。自然栽培の菊芋は甘みもあるという。いまでは農業部門の稼ぎ頭だ。

平飼いでニワトリ二〇〇〇羽

鶏舎に近づいても、ニワトリの鳴き声がしない。悲鳴のような叫び声がない。鶏舎の中に入ってはじめて、ニワトリの跳ねる音がした。「ゲージで動けないで飼われているニワトリは、ストレスがすごい。だから、鳴き叫ぶのです。うちは平飼いだから、おだやかなものでしょ」と、こころんファーム養鶏場の責任者・長倉誠さんは言う。

養鶏事業は、九年前(二〇一〇年)、隣村の中島村にあった矢部農場から引き継ぐかたちではじまった。昨年(二〇一八年)三月、アニマルウェルフェアの規格にあうように鶏舎を新築した。命を終えるまでは、生きものの習性にあったストレスの少ない環境で育てたい。ニワトリにいい生き方は、人にとっても快適な環境になり、栄養豊かでおいしいタマゴを提供してくれる。

鶏舎の中も、鼻を突くにおいはない。屋根は互い違いに組んで空気が循環するようになっている。

窓は巻き上げカーテン式でゆっくり空気が入れ替わる。強い風を感じないが空気は流れている。「ほんとうは、昼間は戸外で放し飼いしたいのですが、農林水産省は、ウィンドレスと言って、窓がなくエアコンや換気扇をつけて、あまり外気を入れないで、ゲージ飼育を推奨しています」と長倉さんは苦笑い。鳥インフルエンザなどの伝染病予防のために、自然との隔絶を求められる。その中でアニマルウェルフェアの在り方を探るのは、なかなか厳しい。だが、平飼いは譲れない。「ニワトリには、止まり木に止まったり、砂を浴びたり、地面をつついたりする習性がある。ゲージに押し込まれたら、何もできない」。

平飼いのニワトリ。においのしない養鶏場

鶏糞で上質の肥料づくり

「飼料は自家配合でつくっています。地元白河市のおコメと石巻産の牡蠣殻をベースにして」。牡蠣殻はミネラルがたっぷり。それに、ポストハーベストフリー（収穫後に農薬を使用していない農作物）のトウモロコシと、ノンジーエム（遺伝子組み換えではない）の大豆粕などを混合。こころんが栽培した有機栽培の野菜も砕いて餌にする。「今日のおやつは、自然栽培の菊芋のスライスです」と長倉さんは笑った。

産直カフェ「こころや」で、昼食にいただいたタマゴかけごはんは、ここのタマゴだった。臭みやクセがなく、後味はさわやか。「飼料会社でつくっている餌は魚粉が多いので生臭くなる。このうまさは出ない」と長倉さんは自信たっぷりだ。

ニワトリが飲む水は井戸水。地下二〇〇メートルからくみ上げる。水は、つついた分だけ出る仕組み。床が水浸しにならないので清潔。においもしないし、上質の鶏糞肥料になる。

いまの課題は、これだけ気を配ったタマゴを売り切ることと廃鶏の利用。現在ニワトリ二〇〇〇羽を飼育。多いときは一日八〇〇個のタマゴを産む。ただ、夏場は八〇％ぐらいに落ちる。「うまいと言ってくれるが、完売はしていない。理由は、ひとつ一個五〇円という値段。スーパーのタマゴは二〇円で買えますから」。徐々に顧客の広がりを待つしかない。

廃鶏は利用したい。ミンチ肉は軟骨が入っていて固くなっているが、味はいい。いい出汁も出る。鍋には最高だ。

自然資源循環型の農業

「すべてを自然の恵みとして循環させたい。だから、うちの農業は自然栽培と有機栽培の両方を大切にしています」と、熊田さんは方針を語る。農薬も化学肥料も絶対に使わない。あくまでも、自然の産物、地域の資源を活用すること。

養鶏をはじめたのも、良質な鶏糞を得ることが目的のひとつだった。籾殻と鶏糞で肥料になる。有機栽培にぴったり。「二〇〇〇羽のニワトリがいるから、毎日、大量の鶏糞が出る。肥料にしなければ、産業廃棄物を毎日産み出すことになる。鶏糞を入れると、土が豊かになる。微生物が活発になり、野菜の質をよくするし、病気になりにくい。もう使わない手はないでしょう」と熊田さん。利用しなければ、落ち葉も鶏糞もただの廃棄物だ。

自然を守って、自然とともに村の人は生きてきた。「わたしが、目指すのは農薬や化学肥料を使わない自然循環型農法です」。熊田さんの変わらない信念だ。

地域の資源をひとつも捨てずに、だから、捨てなければいけないものを産み出さずに、農業も養鶏も組み立てている。自然資源循環型は、地域資源循環型ともいえる。もともと、自然の営みに捨てなければいけないものはないはずだから。

初出『コトノネ』30号（二〇一九年五月発行）。文中の内容、データは掲載時のものです。一部加筆修正しています。

大切に育てたタマゴは、うまい

有限会社 岡山県農商

芋を掘る姿を見て、一緒に働けると思った

岡山県で「農福連携」のモデルケースとして知られ、多くの視察者・見学者が訪れる「岡山県農商」。障害者と一緒に働くことになったきっかけは、「芋掘り会」だった。彼らとの出会いが、岡山県農商の事業の強み、展開の広がりにつながっている。

なんでもない畑に、二〇〇人が集まった

昨年(二〇一五年)一一月、早朝、岡山県岡山市。空港から車で二〇分ほどの山の中。何のへんてつもない、広い畑。そこにだんだんと人が集まってくる。車でやってくる人もいる、歩いてくる人もいる。マイクロバスに乗ってやってくる大勢の人もいる。七〇人ほどの障害者が働く有限会社岡山県農商が主催する「芋掘り会」。岡山県農商で働く障害者はもちろん、周辺の福祉施設の障害者や職員、近隣住

民などさまざまな立場の人が参加する大きな催しだ。午前一〇時に芋掘りがはじまるころには、二〇〇人ほどの人が集まっていた。ひときわ大きな歓声を上げながら芋掘りを楽しんでいるのは、子どもたち。岡山県農商の障害者は、静かにその様子を見守り、掘り出した芋を運ぶ手伝いをしたりしている。芋掘り自体はわずか三〇分ほどで終了するが、その後は大きな鉄板でつくられる焼きそばと大鍋の豚汁、それにもちろん、今掘ったばかりの芋をドラム缶を改造したコンロで焼いた焼き芋がふるまわれる。みんなの笑顔を静かに見つめているのが、岡山県農商会長・板橋完樹さんだ。

大人も子ども、大にぎわいの「芋掘り会」

農業をはじめるなら、組織的にやりたい

板橋さんが農業をはじめたのは、一九八九年のこと。それまでは県内で喫茶店を営んでいた。「今もそうですが、当時も農業のなり手は少なかった。〈花形〉の商売ではなかった。そこがよかったんです」。出身は九州。奥さんの実家は岡山県で細々と農業をやっていたが、すべて一からの新規就農だった。「農業をはじめるならば、組織的にやりたい」と、板橋さんはそのころから考えていた。「家族的な農業ではなく、やるならば、人を雇って組織として農業をやりたかった」。そのために必要なのは、年間を通じて安定した

収益を上げること、つまり一年中収穫ができる作物づくりだ。「この辺の名産であるネギは、通年での収穫が見込める野菜でしたので、当初からネギを主な作物にしようと考えていました」。今では珍しくなった二サイクルの軽トラックに、わずか五〇〇平米の農地。これが岡山県農商の、はじまりだった。

農業の経験がほとんどなかった板橋さん、当時四〇歳になろうとしていた。作物のつくり方や農地の相談をしようと、岡山県やJAにも相談に行った。農業を通じて雇用をつくりたいとプレゼンテーションをしたが、反応はいま一つだったという。「農業の経験がないならば、県が持っている施設があるから、そこで二～三年勉強してからやったらどうですか、と言われまして。私はその時に四〇歳の手前でしたから、そんなには待てない。それなら、自分でやろう、と思いまして、見よう見まねではじめました」。

はじめての農業寝る間も惜しんで試行錯誤

はじめは板橋さんと奥さんの二人で、しばらくしてからは地元の高齢者にも手伝ってもらいながらの試行錯誤が続いた。「そりゃ大変ですよ、農業をやったことのない人間がやるわけですから。あれをしたからよかった、これが失敗だったということも、今になれば分析できるかもしれませんが、そんなことよりも、とにかく、寝る間がなかった」と当時を振り返る。

がむしゃらにやって数年がたち、次第につくったネギが評価されるようになった。「この肥料をやったからいいものができる、というものでもありません。入れる時期とか、量とか、いろんな条件で変わってきます。水にしてもそう。マニュアルなんかないですから、毎日が試行錯誤で。でもその一生懸命さがネギに伝わってきたのか、いいネギができはじめ、それが周囲の評価につながっていったんだと思います」。

板橋さんのネギづくりは、軌道に乗りはじめた。

あっという間に、たくさんの芋が掘れた

障害者があいさつにきて一緒に「芋掘り」を

板橋さんが「芋掘り会」をはじめたのは、一九九七年のこと。近くの福祉施設「旭川荘」の職員が、板橋さんのところにあいさつに来たことがきっかけだった。「障害者と一緒にあいさつにきて、私の家の近所に住むことになりました、と」。その時にいろいろ話をして、なにか手伝えることはないですか、と、板橋さんのほうから持ちかけた。「なにかやろうか、といっても、私たちにできることは農業だけですので、じゃ、芋掘りでもやりましょうか、いいですね、となって」。それまで板橋さんのところでは、芋をつくっていなかったが、芋掘り会のために、芋を植え、秋に旭川荘の障害者と一緒に芋掘りをしたのがはじまりだった。最初の参加者は、二〇〜三〇人だった。地域の障害者のために、とはじめた芋掘り会だったが、板橋さんにとっても大きな転機となった。

「芋掘りの作業をする障害者の姿を見ていて、この人たちとだったら、一緒に仕事はできるな、と感じたんです」。なにもできないのではないかと思っていたが、教えればきちんと作業ができる。なによりまじめで、しかも楽しそうに作業をしている。「組織的な農業をやりたい」という板橋さんの思いに、実は障害者が応えてくれるのではないか。芋掘り会が終わったすぐ後に、板橋さんは、一人の障害者を雇用した。旭川荘からの紹介だ。「別の場所で働いていたんですけど、人間関係に悩んでやめた人です。仕事の能力は、決して高い方ではなかったけれど、性格がよかった」。はじめて一緒に働く障害者となったこの人は、今も働いている。

水害を転機に事業を拡大

そこから少しずつ、障害者雇用を広げていった。同時に、事業も緩やかにではあったが右肩上がりの成長を続け、農地も少しずつ増えていった。「続けていると、必ず見ている人はいて、農地を提供してくださったり、力を貸してくださるんです」。そんな岡山県農商に、再び大きな転機が訪れたのは、一九九八年のこと。岡山県を大きな水害が襲った年だ。「この付近の農地は、軒並み水をかぶってしまいました。うちはたまたま土を盛って地上げをしていたということもあって、水に浸からなかった」。岡山県農商がある中原地区は、県の中でもネギの産地として知られる。水はけがよい土地柄がネギに向いていることが理由だが、その中原地区が水害で壊滅的な打撃を受けたことで、ネギの生産量は激減し、結果的にネギの相場は大きく上がった。岡山県農商はこの年、生産量も売上高も、大きく伸ばすことになった。板橋さんは、これまで個人事業でやってきた岡山県農商を、法人化することを決意する。目的は、板橋さんが農業をはじめる時から考えていた「組織として人が働く農業」を実現すること、そして、障害者雇用をもっと拡大することだ。「障害者を本気で雇用しようと思ったら、事業の規模を大きくしなければいけない」。それまで一緒に働いてきて板橋さんが感じていたのは、あれこれといろいろな作業をやるのではなく、長時間同じ作業をやってもらう方が、障害者にとっていいのではないか、ということだった。「この作業がすんだら次はあれ、その次は、と言われたら、パニックになってしまう人もいる。詰め込まない方がいい」。

法人化することで大きな利益をあげよう、というよりは、組織化を進めることで、収益と事業を安定させ、継続的な仕事と雇用を生み出そうとした。そのことが、障害者の働く場を生み出すことにつながる。「それまでは個人事業でやっていましたけど、法人化したことで、責任は重くなったと感じました。やめるわけにはいかなくなった。だからといって基本的なやり方が変わるということはありませんでしたが、とにかく一人でも二人でも障害者雇用を増やしていきたい。そのために作付面積を増やしていかないと。その積み重ねでやってきました」。気づけば今では、岡山県農商の作付面積は約一〇ヘクタールほど。まったくの未経験からスタートした四半世紀ほど前と比べると、およそ二〇〇倍ほどの面積になった。

NPO立ち上げで、行政や企業と連携

さらに二〇〇八年に、「NPO法人岡山自立支援センター」を立ち上げた。それまでは岡山県農商で行っていた障害者雇用を、自立支援センターに集約し、岡山県農商から農作業を業務委託する形にした。そのことで、障害者雇用はさらに加速した。二〇〇九年に「ももっ子おかやま」、二〇一〇年に「もっ子みつ」、二〇一一年に「きびっ子おかやま」をそれぞれ開設した。ほぼ一年に一つのペースで、事業所が増えていった。「NPO法人を立ち上げたことで、あそこは障害者を雇用した事業をやっている、と、地域により広く伝わるようになりました。そのことが、新たな人や組織とのつながりを生んでいます」。

二〇一三年に開設された「ももっ子くめなん」は、岡山市から車で一時間ほど北の久米南町にある。「町の要請をいただき、企業誘致の形で久米南町に開設しました。町からはさまざまな形で支援いただいたり、また新たな取り組みの相談をいただいたりしています」。例えば町の庁舎があった土地が空いているから、グループホームをやりませんか、と持ち掛けられ、定員六名のグループホームを立

ち上げたことも、一つの事例だ。

何かと組み合わせて生き残る

「農福連携、とみなさんおっしゃいますが、私にはまわりにそういう形にしていただいた、という実感もあります」。自立支援センターを立ち上げたら、農業分野での障害者雇用の事例として、行政や企業の視察・見学が増えた。人とのつながりができ、相談や引き合いが増えた。そうなると、自然と事業展開も、一つの方向に向かっていく。

農業で地域の人とのつながりが生まれる

「やはり、農業だけでは、厳しい。利益を確保し事業を継続することだけでも大変ですし、ましてや規模の拡大なんて、なかなかできるものではない。そこで、農業と何かを組み合わせていく。例えば、農業と観光を組み合わせ、観光農園としてやっていく方もいらっしゃるでしょう。私たちは、農業と福祉と組み合わせて事業展開している。たまたま農業に障害者雇用を組み合わせたことで、注目もされたし、事業にとってもプラスになった」。

シングルマザーも農業に呼び込む

板橋さんは、農業を軸に、障害者から、さらに「働く場」が広がっていくことを目指している。「特にシングルマザーに、貧困の課題がある。今後は農業分野での、母子家庭の母親の雇用にも取り組みたいと思っています」。今年度にNPOを立ち上げ、託児サービスを提供しながら、シングルマザーにも働きやすい環境を提供しようというのだ。ゆくゆくは役務を企業に提供しようという目論見もある。

「企業も、一人だけ雇用したのでは、子どもの病気など、不意の事態で休まれたりしたときに大変かもしれませんが、何人かのシングルマザーを集めて組織化すれば、働きが計算できると思うんです」。

「組織的な、人を雇える農業がしたい」という板橋さんの思いは、芋掘り会での障害者との出会いによって形になり、実を結んだ。もしかしたら、それは当初思い描いていたものとは、少し違った形なのかもしれない。しかし、障害者と出会ったことで、岡山県農商には事業の「強み」が生まれ、地域や企業とのつながりが生まれ、そこから新たな事業展開が生まれ、大きく広がろうとしている。

初出『コトノネ』18号(二〇一六年五月発行)。文中の内容、データは掲載時のものです。一部加筆修正しています。

Ⅲ章

コトノネ的実感的農福連携

季刊『コトノネ』編集長　里見 喜久夫

1 福祉から見た農福連携

福祉の手段としての農業

農福連携とは、農業と福祉が組むこと。それは、農業が福祉を取り込むことか。逆に、福祉が農業に参入することか。農家と障害者福祉、それぞれの立場によって、農福連携の狙いは違う。

農家は障害者など福祉的労働力を使って、生産性を維持向上できれば、それを成果と言えるだろう。評価の重要基準は、利益、カネだ。障害者福祉にとっては、農業を使って、障害者の福祉に役立てることが重要な課題になる。その福祉的目的のひとつが、農業労働による工賃という対価になる。それがすべてでもないし、もっとも大切なことでもない。

障害者の雇用・就業・経済的自立支援には約二〇〇〇億円以上の税金がつぎ込まれているが、就労継続支援A型・B型事業所の利用者と工賃を掛け合わせても約一〇〇〇億円程度で、事業として成り立っているとは言い難い。主たる目的は工賃を稼ぐことではなく、福祉効果にあるのではないか。それは、障害者が人として張り合いのある日々、健やかな時間をもつことである。いくら高額なカネを手にしても、心身を崩しては何の意味もない。もちろん、一般の健常者だって、仕事と心身の関係は同じなのだが。障害者福祉にとって、農業やそこから得られる賃金は、障害者の福祉を達成するための手段であり、目的ではない。

昨今は、農福連携への関心の高まりから、障害者だけでなく、高齢者、ニート、引きこもり、刑期を終えた触法者、シングルマザーなどさまざまな福祉分野に対象が広がっている。就労困難者が増えて、ソーシャルファーム[1]をポリシーにする団体が進出してきた。

また、企業の農業参入も相次いでいる。その中で、特例子会社が農業を事業として立ち上げるケースも増えてきた。福祉的労働力という意味では、福祉施設と似ているが、企業であるからには、採算も度外視できない。いや、採算よりも、経営の優先順位は、国が定める障害者雇用率(二〇二〇年一月現在)二・二%の達成かもしれない。何を目的とするか。企業によって経営戦略には大きな幅があるだろう。

わたしは、障害者の生き方働き方をテーマにした季刊『コトノネ』を発行している。さらに、自然栽培パーティ(正式名称、一般社団法人農福連携自然栽培パーティ全国協議会)という、全国の障害者施設に自然栽培を広げる活動にもかかわっている。その立場から、農業事業への貢献よりも、農福連携の福祉的な役割を重視したい。

障害者福祉は地域の福祉か？

さて、障害者の「福祉の達成」にも、二方向からのアプローチがいる。障害者と向かい合って、心身を健康に保つ仕事。それは、家庭や施設の中だけの話ではない。社会そのものが、障害者が生きやすく、働きやすくなっているか、が大きな課題と言える。トンネルのように両側から掘らなければいけない。
だが、いまはまだ、インクルーシブな社会[2]になっていない。社会は、障害者やその家族と関係を深めることをためらっているか、遺棄しているように見える。少なくとも、『コトノネ』発行する前のわたしがそうだった。

津久井やまゆり園の殺傷事件を持ちだすまでもない。世の中から、偏見差別無理解が一掃されたわけではない。社会から偏見が消えなければ、障害者の両親は、偏見から子どもを守る姿勢を取る。それは、差別が薄れた人や障害当事者にとっては、「守る」のではなく、「隠す」行為と映る。

福祉施設の多くは、まだ障害者を送迎しているところが多い。家族の要望で、玄関先まで行かず、わざわざ家から離れたところで送迎してもらう。これは、近所の人の目につかないようにという配慮だ。近くに差別する人がいるのか、ただ家族が恥じているのか。

障害者福祉の分野で活躍されている方がいる。インクルーシブ社会を訴えている。この方のお嬢さんは精神疾患があるが、近所では誰も知らないということだった。二〇年以上暮らしていて、隣の人も知らないなんて、不自然だと思って、なぜ、と質問したが、「わざわざ言う必要もないでしょう」との返事だった。わざわざ触れ回ることはない。しかし、自然に伝わるのが、近所付き合いではないか。これは、「守っている」のか、「隠している」のか。

一九九六年まで、らい予防法[3]も優生保護法[4]も残っていた国だ。差別の法律はなくなっても、みんなの心の中に残滓があっても不思議はない。

障害者は、まだ地域で受け入れられていない。それは、障害者福祉も地域みんなの福祉になっていないということ。逆に、歴史的に見れば農業は地域を代表する産業だった。権威と愛着をもって地域に受け入れられてきた。しかし、農業は地域のシンボルでもなく、家計を支えるものでもなくなってきた。いまでは、農業と障害者福祉は、マイナスを抱えているモノ同士だからこそ、結びつくことで新しい世界が開けるのではないか。まだまだ小さな世界だろうが、その可能性をお伝えしたい。

（1）障害者や何らかの理由で働きたいのに働けないでいる労働市場で不利な立場の人たちを雇用するためにつくられたビジネス形態。「障害者の雇用を前提とした事業運営システムの下、企業的経営手法を用い、障害者だけでなく、労働市場において不利な立場にある人々を多数雇用し、健常者と対等の立場で共に働くとともに、国からの給付・補助金等の収入を最小限に定めた組織体」（厚生労働省ホームページ参照）

（2）社会を構成するすべての人は、多様な属性やニーズを持っていることを前提に、性別や人種、民族や国籍、出身地や社会的地位、障害の有無など、もっている属性によって排除されることなく、誰もが構成員の一員として、地域であたりまえに存在し、生活することができる社会のこと。

（3）らいの予防、およびらい患者の医療・福祉を図るために、一九五三年に制定。治療法が確立され、極めて感染力の弱い伝染病であることが判明したにもかかわらず、強制入所や優生手術、その他の差別的規定が残っていた。一九九六年に廃止。

（4）「不良な子孫の出生を防ぐ」目的で、一九四八年に施行された。知的障害や精神疾患、遺伝性の疾患などと診断され、審査会で「適当」とされた場合、本人の同意がなくても不妊手術ができた。一九九六年に母体保護法に改正されるまで、全国で少なくとも男女一万六四七五人が不妊手術を強いられた。

2 町に福祉を取りもどす

映画『万引き家族』の駄菓子屋

農福連携の目的は、障害者福祉から見れば福祉の実現であり、農家は安い労働力の活用で経営改善だ、と書いた。福祉は、福祉施設だけにあって、農家や企業はおカネだけで動いている、と決めつける書き方だったかもしれない。それは単純すぎる、と鼻白んだ方もおられるだろう。まことにその通り。一昔前は、町に存在するものは、商売であり、しかも福祉だった。

映画『万引き家族』（＊1）に出てきた駄菓子屋とスーパーが、町における商売と福祉の関係を見事に映しだしていた。映画監督は是枝裕和。二〇一八年第七一回カンヌ国際映画祭パルムドールに輝いた映画だから、ストーリーが頭に入っている方も多いだろう。

『万引き家族』少年・祥太は、近所の駄菓子屋に妹（他人にはそのように見える）を連れていく。妹に万引きの訓練をするためだった。無事に盗ませ、店を出ようとしたとき、柄本明扮する初老の主人は祥太を呼び止める。主人は激昂するのでもなく、万引きした商品を取り上げるのでもなく、二本のキャンディを差し出しながら、「妹にはさせないように」と言う。悲しみを共有するような口ぶりだった。

祥太は、しばらくして、その駄菓子屋を訪ねる。しかし、店は閉まっていて「忌中」の張り紙があった。店主が亡くなった。このシーンを起点に、物語は逆走しだす。もう万引きはしない、と祥太は心に決めた。このあとのことは、完全なネタバレになってしまうがお許し願いたい。

祥太は通い慣れたスーパーに入り、捕まることが目的のような万引きをする。狙い通り、警察に捕まる。万引き家族は、誰一人血のつながりのない家族であることがわかり、血のつながらない家族はバラバラになる。社会から法的に認められた家族は、内部から崩壊し、偽の家族は社会や法の力で崩壊させられる。さまざまな記号で構成された映画だった。

とくに、町にある駄菓子屋、スーパー、老人の三つの関係に注目してみたい。駄菓子屋は、町の福祉であることによって商売としても成立した（細々ながら）。スーパーは商売だった。わたしが暮らす町の商店とスーパーの商いからも、映画と同じ関係を感じた。

駄菓子屋の老人店主の存在も大きい。老人そのものも、存在が福祉だ。教科書で学ぶ「道徳」ではなく、町の誰も排除しない道徳を教えてくれる。やっぱり、おカネもうけや名誉など現世の欲から、少し距離を置いた価値観の持ち主としての老人は、町にとって大事な存在ではないだろうか。

ふるさともなく、地元もなく

わたしの町はどうだろうか。『万引き家族』の駄菓子屋はあるだろうか。すっかりスーパーに置き換わっていないだろうか。

また脇道に逸れる。小熊英二は、著書『日本社会のしくみ―雇用・教育・福祉の歴史的社会学』(＊2)の中で、個人を三つに分類している。「大企業型」「地元型」「残余型」だ。それぞれ日本社会に占める比率は、二六%、三六%、三八%と推定している。

「大企業型」は、都会に出て大企業に職を得た人とその家族。「地元型」は、地元に残り地元で農業、自営業、地方公務員、建設業、地場産業などの職に就いた人。「残余型」は、大企業ではなく、零細企業や非正規雇用として働く人だ。一九九〇年代以降、「大企業型」の比率はあまり変わってはいない。減ったのは「地元型」の自営業の人たち。その人たちは「残余型」に移ったので、「残余型」が増加した。

さらに、小熊は、社会保障の研究者である広井良典の言葉を引用して、「日本の制度は、『カイシャ(職域)』と『ムラ(地域)』という、日本社会において基本的な単位となる帰属集団をベースとして組み立てられた」という。「企業」か「地域」のどちらかに、誰もが所属していることが前提となった制度だとも言える。それを発展させると、東京には企業に根を下ろす大企業型と企業にも地域にも根を下ろさない「残余型」が占める地域となる。

「地元型」は投票率が高い。「日本では、同じ地域に長く住んでいる人ほど投票率が高い。同じ市区町村に一五年から二〇年以上定住している人の都道府県議選投票率は、約八割にのぼる。それに対して、定住期間が三年未満の人は三割から四割だ」。地域に愛着感があり、地元意識が高い。逆に言えば、「大企業型」と「残余型」は、地元意識が低い。

半世紀も前、社会人となったころを思い出す。団塊の世代が結婚し、家を出て、家庭をもった町は、「ベッドタウン」と呼ばれていた。家族で暮らす町なのに、「眠ることだけの町」と呼ばれていた。「俺たちゃ、働くために寝るだけの人生か」と友人と笑い合った。バカにされている。そんな思いとともに、少し誇らしげな気分もあった。「ベッドタウン」には、都会から越してきた人がいる。ちょっと前まで、山や畑だった郊外という「田舎」に溶け込む気はない。ふるさとをあとにして、都会で青春を過ごし、そして家庭をもって郊外に移り住んだ人には、最先端の消費文化を経験できる誇らしい町だったのだろう。いまとなっては、恥じ入るばかりだが。

東京には、「地元型」は少ない。ふるさとを捨てた「大企業型」には、企業があれば地元はいらない。「残余型」は、企業も地元もなしで暮らしていく。若いころは、それで何の問題もなかった。

スーパーと商店の違い

わたしの住む町も、都心から電車で三〇分圏内。移り住んだ三〇年以上前には、誇り高い「ベッドタウン」だったのだろう。駅前は商店でにぎわっていた。八百屋は四軒、豆腐屋は引き売りもいれて三軒あった。大手のチェーン店はひとつもなく、すべて地元の店。ほとんど家族経営だった。二軒のスーパーマーケットができて、いつしか、多くの商店は消えていった。何年か前から、八百屋も豆腐屋もどちらも一軒になった。

引っ越してきたときには、わたしもまだ三〇歳代。周りも壮年だった。買い物は車でまとめ買い。店での会話なんかわずらわしい。人とのかかわりもカット。さっぱりとした人間関係、スマートに生きる。擬態語で言えば、「コツコツからサクサクへ」だろうか。テレビドラマに出てくる部屋は、真っ白なインテリアで家財道具が目につかない無機質な空間だった。生き物の匂いや気配を消していた。

でも、いまでは住民もすっかり年を取った。車を手放す人も出てきた。さりとて歩きもきつい。買い物がつらい。スーパーでは配達サービスを何年も前からはじめた。二〇〇〇円以上の買い物をすれば家まで届けてくれる。わが駅前でたった一軒になった八百屋も、同じサービスをやっている。二〇〇〇円以上買ったら配達する。でも、運用はかなり違う。

スーパーは、二〇〇〇円以上でないと配達してくれない。一円たりとも欠けてはいけない。規定のこと、当然のことを、誰かれの別なく実行する。八百屋は、一〇〇〇円を切っても、ときとしてやってくれる。いや、他店で買ったものでも、おかみさんのひとことで、配達してくれる。「いいわよ、午後からお宅の先まで届け物があるから。ついで、ついで」と言って。ルールは目安。状況によって臨機応変。

スーパーは、ルールは曲げられない。一人の店員の判断で、この人は一〇〇〇円でいい、こんなときは、一五〇〇円でもOKとは言えない。店員だけじゃない、社長だってそんな権限をもっていない。明快なルール、公平な運用でないと苦情になる。信用を無くす。それは致命的なことなのだ。ルールにしばられる。だから、「すいませんね、二〇〇〇円にするために、もう二〇円お買い求めいただけませんか」と売上アップの商売につながってしまう。最初は、お年寄りの不便を解消するために思いついたサービスだったとしても。

損得勘定より損得感情が苦しめる

お客さんだって、ルール外を認めない。どうして、あの人が、と不信を抱く。文句を言う。自分は配達してもらう必要がなくても、同じサービスを受けなければ損した気分にもなる。そう、不公平がいちばん引っかかる。

八百屋は、どうだろうか。一〇〇〇円以下で配達してもらうことを、側で耳にしたお客さんが文句を言っているところを見たことがない。不信な表情もしていない。二〇〇〇円以上の買い物をしたときでも、必ずお店に配達を依頼するわけでもない。無料なんだから、必要のないことでも利用しなきゃ、損、という発想にならない。自分が持って帰るのに、何の問題もないならば持って帰る。人と比べて考えるより、より正直に自分の利害で判断する。そんな健康的な思考が、この八百屋のサービスを成立させている。

同じ人でも、スーパーで買い物をすれば怪しい。いらないものでも、同じ扱いを受けることにこだわるのではないか。自分を無視した、と怒る。いるのですか、と言えば、いらないはずなのに。

わたしたちは、資本主義と福祉のふたつの世界で生きている。公平、損得に敏感になった。不要なものでももらえるものはもらわなくては損という発想が出てきた。それが、生きることをつらくしている。

どうして、いらないものも、欲しくなってしまったのか。いらなくても、もらう権利のあるものは、欲しいと思うようになったのか。いつもカネでの「損得」にしばられるようになったのか。

ルールは、スーパーも八百屋もある。スーパーは「購入金額」、八百屋は「誰が困っているか」。ルールのもとの考えは、八百屋は「町があってこその商売」、スーパーは「商売があってこその町」。八百屋は、商売と福祉が融業し、スーパーは、経営戦略として商売とCSRに分かれる。

農福連携は、町は福祉でできていること、金銭の「損得」にしばられない自由な生き方を教えてくれる。

自然栽培は福祉に似ている

どうして、わたしたちは、決まりごとに厳密になったのか。「約束したのだから、こうでなければいけない」。「少しでも遅れてはいけない。実害がなくても、それは約束だから」。約束を守らないことは、人権の侵害のような思いに追い詰められている。その世界から抜けきれない。

高橋源一郎の著書『答えより問いを探して—17歳の特別教室』（＊3）の中に、「農民時間」で生きた日本人が、「工場時間」で生きるための変革が起こったと書いてあった。高橋は、岸田秀の研究を引用して、それが小学校教育の目的であったという。

明治になって、大学と小学校はほぼ同じ時期にできたらしい。なぜ、小学校から順番に中学、高校と上がっていかなかったのか。大学ができて、いっしょに小学校なのか。高橋から問いかけられて、こちらも不思議に思った。

岸田の出した答えは、「工場労働者を育てるために、自然時間から規則的時間への価値観の転換」だった。

「農民は自然の時間で生きています。農業というものが、自然を相手にしているからです。太陽がのぼったら起きて働き、陽が沈んだら家に帰って休む。だから、夏は5時に仕事を始めても、冬は9時からじゃなきゃ仕事を始められない。でも、そんな時間感覚では、工場労働者になれません。一年中、同じ時間に起きて、同じ時間に仕事を始めてもらわないといけないのです。」

自然を基準にした生き方働き方はダメ。さらに、

「工場労働では『型にはまる』ことが大切です。たとえば、小学校では、授業を五〇分でやって、一〇分の休み。その繰り返しです。（中略）工場も同じですね。五〇やって一〇の休み。」

大学で国の指導者を育て、指導者がつくった方針を忠実に実行できる労働者を小学校で育てるためだったという。ルールをつくる。一度つくれば、誰もが異論を挟まない。厳守する。そのように、人の意識、体をつくりかえる。誰もが、一歩一歩を悩まないで歩けるように。

その意味では、慣行農法は、小学校教育に近づけた農業をイメージさせる。農薬、肥料、電気エネルギーなどを駆使して、自然に手を加え、作物を矯正する。自然の掟からの逸脱、あるいは克服を試みた。

自然栽培は、自然の摂理を受け止めて栽培する。決して力でねじ伏せるような行いはしない。

障害者福祉の職員が、障害者に向き合う姿勢に似ている。強引に首根っこをつかまえて作業をさせることはできない。言って聞かせても叶わない。それこそ、寄り添うしか方法がない。障害者が自ら望んだときに、はじてこちらが望む結果が出る。言いかえれば、行動とは障害者が自己肯定したことの積み重なりなのだ。

それは、ほんとうに障害者特有の習性だろうか。健常者といわれる人も、同じではないだろうか。誰もが自分が理解したこと、共感したものしか、心も体も動かないはずだ。でも、健常者は、「ルールに従い生きること」と言う薬を飲まされているだけかもしれない。

慣行農法は農薬や肥料などの武器を使う。どこか、栽培する人に、力ずく、強引の匂いがする。自然栽培はお互いに素手のままで向かい合う。栽培する人は、生き物が生きたいと思う方向を見定め、その中で調和を図る。

自然栽培も障害者福祉も、「主体的受け身」の実践ではないか。

3 農業の地域福祉力

全国の障害者がつながる

やっと本題に戻る。

自然栽培パーティの活動が生まれたのは、愛媛県松山市で障害者福祉施設を営む佐伯康人さんを取材したことがきっかけだった。

佐伯さんは、二〇年ほど前（二〇〇〇年）に、脳性マヒの三つ子の子どもを授かったことから、障害者の福祉事業をはじめることになった。障害者がたのしく働けること、地域に根差した仕事を探して、自然栽培に行き着いた。そして、「奇跡のリンゴ」として名高い木村秋則さんと出会い、二〇〇九年から、本格的に自然栽培に取り組むことになった。一一ヘクタール（当時）の耕作放棄地を農地に戻して、米や野菜の栽培に成功。就労継続支援B型事業所ながら、障害者に月額工賃五万円以上（取材時点）を支払う事業に育て上げた。

佐伯さんの自然栽培の成功を聞きつけた障害者施設から、栽培指導の依頼が入るようになった。佐伯さんは、フットワーク軽く、手弁当で全国の施設を指導に飛び回る。その噂を耳にした公益財団法人ヤマト福祉財団が、全国的な運動にしようと乗りだしてくれた。

障害者が農作業に取り組み、米を育てる障害者施設を全国に広げる。その米を売るために、米のブランディングをしようと、わたしに相談が持ちかけられた。しかし、この活動のおもしろさは、米というモノではない。障害者が農業に取り組むこと、その農業が自然栽培であること。しかも、全国の障害者施設に参加してもらうことだ。ヤマト福祉財団にスワンベーカリーという事業がある。二〇年ほど前(一九九八年)にはじまり、全国二八カ所(二〇二〇年一月現在)で展開。二〇一九年からベトナムでもはじまった。この活動も、最大のおもしろさは、パンというモノではなく、全国の障害者に広がっていくことだ。

全国の障害者が、同じ仕事をして、同じ目標をもつなんてドキドキする。モノではなく、この活動自体をブランディングすることを提案した。それが受け入れられて、自然栽培パーティという愛称が決まった。

この愛称についても、ひとこと言っておきたい。福祉にかかわる制度や組織は、やたら長ったらしい名称が多い(いや、福祉にかぎったことではない。国や行政にかかわることのほとんど)。平気で漢字二〇文字を超える。そんな長い名前なんか、覚えられない。覚える気もしない。わたしは、全Aネット(5)の設立にもかかわったが、愛称をつくることを提案した。正式名称は、「NPO法人就労継続支援A型事業所全国協議会」。二一文字だ。こんなに長ければ、電話をかけるとき、どうするのか。

ついでに、「パーティ」としたのも説明しておきたい。第一に、団体や協議会など物々しい名称は避けたかった。クラブよりもサークルの気軽なノリ。いつ仲間になってもいい、しんどければいつ出ていってもいいよ、という意味合いをパーティに込めた。参加者の意志と事情を尊重する。大事なことは決めごとではなく、いわんや約束でしばりつけることでもない。

障害者福祉を地域につなげる

自然栽培パーティは、二〇一五年春、五つの施設が参加してスタートした。翌二〇一六年の四月には、「一般社団法人農福連携自然栽培パーティ全国協議会」として組織化した（ほら、正式名称は二三文字です）。田植えのシーズンを迎える五月には、第一回の自然栽培パーティフォーラムを愛知県豊田市で開催。フォーラムには、全国から五〇〇人を超える人が参加。農業に関心のある福祉施設の方、そして障害当事者やその家族、自然栽培を取り入れようかと迷っている農家の方、食育から自然栽培に興味をもった消費者、さまざまな関心を引き寄せることができた。

自然栽培パーティにかかわる人は、さまざまな関心を入り口にする。

農業をたのしくしたい
食べものを安心・安全なものにしたい
耕作放棄地を豊かな農場にしたい
そうしてニッポンを健康にしたい
何よりもそんな活動で
全国の障害者をつなげ
障害者と地域をつなげ
そのことで地域の人をつなげたい
少しでもたのしく暮らせる地域にしたい

今年二〇二〇年、設立から五年。会員は一〇〇事業所を超えている。そのうち、自然栽培を営むのは約七〇事業所。北は北海道から南は沖縄まで広がっている。残りの三〇事業所ほどは、自然栽培パーティの会員が育てた作物を販売したり、商品化を手掛ける。

障害者が自然栽培の作業になじんできた。自分なりの得意な作業も見つけ、技術を磨いてきた。農業と福祉のプロフェッショナルが誕生することを期待している。農福連携から生まれる障害者の百姓だから、「農福師」と呼ぶのはどうだろうか。

捨てたいモノと捨てたくない空間

自然栽培パーティの入会者の中には、自然栽培どころか、農業にまったくかかわったことのない施設もあった。当然、農場がない。まずは、地元の農家から農場を借りるところからはじまる。カネをかけずに事業をはじめる。それは、もともと障害者施設の得意技だ。材料も人からもらう。道具も借りる。

牛乳パックを紙にすいて、はがきにする。落ちていた柿をもらってきて干し柿に、皮革の切れ端をベビーシューズに再生する。祭り浴衣を集めて裂き織にして、バッグに仕立て直す。障害者施設を取材していると、いたるところで再生商品に出会う。施設にとっては、商品の材料が無料で手に入る。譲る方も、手間や経費をかけずに処分ができる。手放して、何の未練もない。Ｗｉｎ－Ｗｉｎの関係だ。

田んぼや畑を確保する行為も、再生商品の材料を得る行為と似ている。雑草が生い茂った耕作放棄地を見つける。それは、落ちた柿、切れ端の皮革と同じく「捨てられた空間」。だが、耕作放棄地は、「捨てられる」のは似ていても、ほんとうは「捨てたくない」。未練がありながら手放すのだ。農業では家計を支える利益が出ない。家族に継ぐ者もいないし、継げとも言えない。高齢化による離農はやむを得ないが、畑を雑草で荒れさせるのは忍びない。ご近所にも迷惑をかける。けれど、けれど…さまざまな思いが絡み合った土地なのだ。

「手間をかけずに捨てたい」ものと、「ほんとうは捨てたくない」ものを手放すことの思いの差は大きい。ハードルが高い。しかし、高いからこそ、一度超えれば大きな力になる。

農業こそ、地域の福祉だった

自然栽培パーティがスタートした年だった。二〇一五年、季刊『コトノネ』では広島県福山市の施設「社会福祉法人『ゼノ』少年牧場」で、田植えを取材した。そこの農業担当職員から聞いた話が忘れられない。その施設は、当時は開所して七年が経っていた。地域に溶け込みたくて、毎朝、近所の道や溝の掃除を心がけてきた。そんな姿を見ても、近隣の人は黙って通り過ぎるだけ。ねぎらいの言葉も朝のあいさつすらもなかった。

それが、田植えに備えて、代かきした日に一変した。代かきを終えて田んぼから施設に戻ってくると、お年寄りから声をかけられた。「疲れたでしょ。お茶でもどうぞ」と。遠くの畔から、代かきの様子を見守っていたらしい。泥まみれの野良着のまま、縁側に腰かけ、温かいお茶をごちそうになった。「それまでの七年は何だったんでしょうかね」。彼はそんなふうに振り返り、さわやかに苦笑い

を浮かべた。

お年寄りにすれば、農業に関心をもってくれたこと、耕作放棄地を元気な田んぼに戻してくれること、自分の田んぼではないが、昔の風景がよみがえることがうれしかったのだろう。跡取りの息子からは、転んで怪我でもすればいけないからと、農作業をやめて家に居ろ、と言われているのかもしれない。きっと、誰も心にかけてくれない自分の思いに共感してくれる人がいた、といううれしさだったのだろう。

社会環境も少しずつ変わってきていた。ひと昔前は、農家の人から「何も、障害者のお世話にならなくても」という冷たい声を聞いた。もう、誰も強がりを言うときではない。誰もが弱く、誰もが支え合う時代になったのだ。

（5）ＮＰＯ法人就労継続支援Ａ型事業所全国協議会。二〇一五年に設立された障害者の就労を支援する企業や福祉施設、ＮＰＯ法人等から成る全国組織。

4 人を生かす自然栽培パーティ

障害者を見て笑った日

障害者を見て、大声で笑ったことはありますか。笑いたくなったことはありますか。

わたしは、『コトノネ』の取材で、障害者に出会ったときに、いつも身構えていた（と、思う）。自分の中の「不慣れな感情」にとまどっていた。その感情は「差別」からくるのではないか、と怯えていた。間違いなく、緊張していて、笑うなんてとんでもなかった。

障害者施設の事務所で取材しているとき、突然、絶叫して青年が走り抜けることがある。わたしはうろたえる。どんな反応をすればいいのか、とまどう。いい年をして、これぐらいのことで動揺していることを見透かされたくないと、緊張が高まる。まあ、そんな気持ちを隠すためにも、ひきつるような「笑み」を浮かべていたのだろう。

何の予告もなく、笑いが噴出したときのことを鮮明に覚えている。稲刈りもほぼ終えた田んぼでのこと。一人の青年が奇声を発した。田んぼを駆けた。けつまずく。倒れる。わたしは思わず笑いたくなった。いや、きっとにっこりしていたと思う。なぜ、うろたえず、笑えたのか。それは、わたしも、きっと田んぼを走りたかったからだ。とても自然な感情に思えた。「いっしょやね。でも、あんたは気持ちのまま走れんねんな、うらやましい」と青年の肩を叩きたくなった。もちろん、当人には、そんなのんきな行為ではなかったかもしれなかったが。

同じ屋根の下、みんながひとつの目的に向かって、真剣に仕事に取り組む空間では、とても笑えなかった。厳しい社会ルールが思い浮かぶ。わたしの方が自由になれなかった。空の下の開放感に気づいた。戸外の農業はすごい、と思った。

農場を障害者のステージにしよう

障害者は地域に出て、生きて暮らして働きたかった。でも、当事者も家族も誰もが躊躇していた。無理だと思っていた。

いつもその風穴を開ける人がいる。『なぜ人と人は支え合うのか』(＊4)で知った海老原宏美も、その一人だった。海老原は、脊髄性筋萎縮症(SMA)Ⅱ型の重度障害者。二〇〇一年韓国での「日韓TRY2001」に参加した。「日韓の障害者三〇名ほどが協力し合い、約一カ月かけて韓国を徒歩で縦断しながら、バリアフリー調査をして当事者としての要望を行政や住民に訴えたり、『障害があっても、まちへ出たい！』をアピールすることを目的とした旅」。バリアフリーでない店に飛び込んで奇異な視線を受けたり、入店を拒否されたりする、かなりハードな一カ月間だった。

この韓国での体験で、「楽しい障害者運動もあるんだ。いや、むしろ、障害者運動というのは、楽しく行うべきものなんだ。そして障害者が地域で生きるという実践自体が、障害者運動なんだ！」と知る。生きること、町で日々を過ごすこと自体が、障害者運動ならば、農業にかかわることは、地域の人の懐に静かに入り込むことではないか。

若者が見向きもしない農業。地域の人の関心を引かない障害者福祉。マイナスとマイナス、ふたつのマイナスをかけ合わせて、自然栽培パーティは地域に出ていきたい。

農業は3K＋高齢化で、4Kとも言われている。地味だ。おカネがもうからないだけでなく、農作業もたのしくない。障害者福祉も、地味で目立たない仕事だ。施設内での業務が多く、人の目にとまらないきらいがある。農業と障害者福祉のイメージは似ている。

自然栽培パーティは、真逆を狙う。農作業をたのしくして、農作業を通して障害者を地域で目立たせる。所在なげに畔でただ座っている人も、畑を走りだす人も、全部見てもらう。静かに雑草をむしっている人。いや、ただ空を眺めているときもある。いろいろな作業があり、さまざまな時間がある。みんな、自分なりの日々を生きていることを見てもらう。はじめて出くわしたときは、びっくりしてもそのうちに慣れてくる。危険なことなんか滅多にないこともわかる。

そろいのデザイン、色とりどりのカラーをそろえてTシャツをつくった。ウインドブレイカー、キャップも用意した。みんな好みの色のウエアで畑に出る。畑には、自然栽培パーティのロゴ入りののぼりを立てる。

障害者は、田んぼや畑というステージに立つ。なんだろう、何がはじまるのだろう、好奇心に満ちた視線は、障害者を元気づける。見られること、見つめられることから、コミュニケーションははじまるから。

働くよろこびを見つけた障害者

「ぼうず、大事にしろよ、俺らの米やからな」。自然栽培パーティがはじまって、はじめての稲刈りもたのしかった。稲を刈ったあとの田んぼを駆ける子どもが、稲の束を抱えた障害者にぶつかった。そのとき障害者から出た言葉だった。その表情と言葉に障害者の農作物に対する思いと、自分の仕事に対する誇りがあふれていた。感激して、この言葉をそのままいただいて、コトノネで、五つの施設がつくった米の詰め合わせセット「俺たちの米だぞ」を売り出した。わずか一〇〇セットだったが、完売した。

農業をやりだしてから、あっちこっちの施設で障害者に変化が出てきたと聞く。小さな変化だが、農福連携の大きな成果のような気がする。

施設から帰宅しても、その日の出来事をひとことも、家族に話さない障害者がいた（いや、多い）。ある青年は、農作業班に加わって、一カ月ほどで変わった。毎日、その日施設であったことを母親に話すようになった。きっと、彼の居場所を見つけたうれしさだろう。

ひどい痛風で休みがちだった人がいた。農場に出るようになって痛風がかなりしずまった。休むことが減った。苦手なニンジンが食べられるようになった。ほうれん草もおいしく食べられるようになった。自分が育てたことによる愛着なのか。微笑ましい話は数えきれない。野菜嫌いな人が、自分が栽培にかかわった野菜だけは残さず食べる。よく噛んで食べる。ちょっとした変化だが、当事者のよろこびを生みだし、日々を支える家族や施設の支援員の生きがいにもつながっている気がする。ほんとうに、農業の効果なのか。その効果はどこから生まれるのか。「いい話」で済まさないで、なんとか、エビデンスをつくりたい、と思っている。

イチゴのいのちを助けたくて、仕事を休まなくなった女性もいる。「LLブック仕事に行ってきますシリーズ」の『いちごを育てる仕事』(＊5)として、本にもなって紹介された。彼女は、イチゴの自然栽培を担当している。ある年、一二月近くなって、イチゴにヨトウムシが大量発生した。作業員全員、

農作業の手を止めてイチゴ畑に急行。みんなはゴム手袋でヨトウムシをつまみ、足で潰した。ただ、彼女一人だけは、素手で左手には空のペットボトルを持って、ヨトウムシをつまんではペットボトルに落とした。どうして、と聞くと、「ヨトウムシも殺したくなかった」と言う。彼女は、イチゴだけでなく、生き物すべてが好きだったのだ。

全員でがんばったおかげで、ヨトウムシはいなくなった。イチゴのいのちは守ることができた。クリスマスシーズンに、無事にイチゴを出荷することができた。

彼女はそれから、イチゴのいのちが心配で休まなくなった。

社会人の足慣らし、試し運転

就労困難者は障害者だけではない。ニート、引きこもり、あるいは触法の人、在日外国人、シングルマザーなど、仕事に就くのが難しい人がいる。勤めたが、過酷な勤務で心を壊した人もいる。人によって深い傷になり、なかなか再スタートができない。あまりにも仕事から離れて、生活のリズムを崩してしまって、決まった時間に起きられなくなった人もいる。さまざまな事情がある。働く場では、ちょっとしたことが、働く障害になってしまう。

ゆっくり社会復帰するのに、農業は向いている。マイペースで作業ができる。人と話さなくてもいい。みんなとする作業もあれば、一人でやる仕事もある。毎日出勤しなくても、自分のペースで働けるところもある。ゆっくり、無理をしない、自分のペースで仕事に慣らす場として、農業は注目されている。

農業のよさは、地方でもどこに行っても仕事があることだ。さまざまな作業があり、誰にでも何かできることがある。農業には働くための慣らし運転としての利用法もある。ちゃんと朝起きることができた、会社に行けた、みんなと作業ができた、昼ご飯をいっしょに食べられた。一日一日、一歩一歩、とにかく歩いていけばいい。ちょっと後退してもいい。

働く前に、一日をきちっと過ごす。おカネを稼ぐ前に、人といっしょに食事をする。とりあえず、天気のいい日、風が気持ちいい日、太陽の下に誘いだされるところから、農福連携ははじまる。

高齢者よ、離農を急ぐな

日本には、耕作放棄地が四二万ヘクタールある。富山県と同じ広さだ。二〇一八年の基幹的農業従事者（農業を仕事としている人）のうち六五歳以上が六八％を占めている。一人あたりの耕地面積が同じとして、この人たちが全部離農したら、日本耕地面積四四二万ヘクタールのうち三〇〇万ヘクタールがさらに耕作放棄地になってしまう。

『農の福祉力―アグロ・メディコ・ポリスの挑戦』（＊6）で、鳥取県旧東伯町（二〇〇四年に赤崎町と合併。現在は琴浦町）、小さい村の調査実態が紹介されている。一九九七年と二〇一二年の二回調査を実施。アンケートの回収は九四票だが、農家の思いが浮かび出ている。

本によると、生きがいについての質問には、「公的役職に生きがいを感じている人は少数派であった。むしろ、農業をすること、趣味の集まりに出ること、旅行をすることに集中している」。農業はもっとも人気が高い。

そして、困りごとを尋ねると、二〇一二年調査では、「収入の不足が二一・七％、農地の管理二〇・六％、健康問題一七・七％がトップ三を占めた」。

ひとつの地区で回収はわずか九四軒の調査結果で、全国の状況を決めつけることはできない。けれど、農作業ができれば、わずかなりとも収入になり、好きなことで体を動かせば健康にもいいし、三つの困りごとの解決の一助になる。

では、高齢者から農業を妨げているものは、何か。

ひとつは、加齢とともにＪＡ（農業協同組合）との取引が荷重になることだ。年を取ると、運転免許を返納する。車がなくなると、ＪＡに肥料や苗床も買いに行けない。

ＪＡとの取引のハードルの高さもある。高齢になると体調を崩しやすい。収穫の朝、体が動かない。収穫できない。栽培の苦労が無駄になる。いや、それより、収穫せずに畑で腐らせれば、近隣の農家の迷惑になる。ＪＡは取引条件も厳しい。野菜の品質・サイズ・収穫量など規定が厳密。少量では引き取ってもらえない。納品時間も融通が利かない。これでは、高齢者には難しい。もっと、趣味以上、仕事未満の農業にしてほしい。

趣味以上、仕事未満の農業

ＪＡへの不満もある。ＪＡで精米してもらうと、少量の米なら他所の米といっしょにされる。精魂込めて栽培しても、「自分の米」ではなくなる。「おじいちゃんが育てた米だぞ」と孫にも言えない。

専業農家から兼業農家へ。さらに、高齢化によって、趣味以上、仕事未満の農業スタイルの開発が求められている。たとえば、急に収穫できなくなった人には、広島県庄原市にある「社会福祉法人優輝福祉会」が行っているサービスが有効だ。庄原市は人口三万人の典型的な山里都市。高齢化と過疎化が進む。農家もほとんどが高齢者。日が昇ったら畑に出たい。おカネにならなくても、農作業は日々の張り合い。しかし、腰が痛い、膝が曲がらない、いつ動けなくなるかわからない。そんなとき、地元の優輝福祉会に電話する。この法人では障害者に職員が伴って畑に駆け付ける。収穫を手伝い、作物を引き取る。お年寄りは「おカネなんか、いらないよ」と言うが、わずかばかりの対価を地域通貨で払う。

農家は、丹精込めた作物を畑で腐らせる悲しさ空しさから救われる。障害者は、作物を引き取って、よろこびを引き継ぐ。地域通貨は、この法人が運営するカフェ、パン屋で買い物に使う。わずかでもおカネが循環して地元をうるおす。『コトノネ』9号で、「日本の『こまった』よ、どーんとこい」の見出しをつけて記事にした。

長野県伊那市にある「産直市場グリーンファーム」では、農家任せの取引条件になっている。朝七時開店だが、何時に納品してもいい。毎日でなくてもいい。数量はいくらでも。ほうれん草一把でもいい。隔週で一回卵五個を納品にくる人もいる。早い話、プロの農家でなくていい。家庭菜園の人でも売りに出せる。値付けも本人次第。このゆるい条件なら八〇歳過ぎても離農しなくてもいい。きっと離農するときは、やり切ったと満足するのだろう。農業はすばらしい高齢者福祉である。そして、地域活性化策でもある。

新規就農の若者を呼び込む

高齢者だけではない。若者だって引き込める。

農福連携の影響か、近頃、農業をしたくて就職先に福祉施設を選ぶ若者がいる。自然栽培パーティの理事長磯部竜太さんが勤める「社会福祉法人無門福祉会」にも、昨年（二〇一九年）二人の農業学校出身者が就職した。海外を放浪してきた若者に出会うことも多い。さまざまな生き方や仕事に出会い、いのちを見つめ直し、農業に行き着く。帰国して、農業を事業とする障害者施設に職を求める。

この動きを促進させる提案をしたい。新規就農の支援金[6]と障害者施設での雇用を組み合わせる。新規就農すれば、給付金一年一五〇万円、最長五年間支給される。青年が福祉施設に就職した場合は、給料の補てんとして施設に給付する。就職して五年後、農家として独立するか、このまま施設で勤め続けるか、本人が選択する。もし独立する場合は、それまでに広げた田畑を、引き渡す。農家として独立しないで施設で勤め続けてもいい。この場合だと、農業を通じて福祉ができる人材を育てられる。まさに、一石二鳥である。

いま、大切なことは人を生かすことだ。国連が提唱するＳＤＧｓ、すなわち「誰一人取り残さない」。障害者も、高齢者も、生き方に悩む青年も、誰も捨てず、育てる。そのために、農福連携はたのもしい味方になる。

（６）農業次世代人材投資資金。青年の就農意欲の喚起と就農後の定着を図るため、就農前の研修期間（二年以内）及び経営が不安定な就農直後（五年以内）の所得を確保する資金を交付するもの。

5 障害者を地域につなぎ、地域を結ぶ

農福連携×スポーツ

自然栽培パーティがスタートしてすぐ、意外なところから声がかかった。障害者施設ではない。声をかけてきたのは、沖縄で生まれたばかりのプロサッカーチーム「沖縄ＳＶ」だった。オーナーは、サッカーファンなら誰もが知る高原直泰さん。高原さんは、故郷でもない沖縄の地で、二〇一六年サッカーチームを立ち上げた。沖縄県社会人サッカーリーグ三部リーグから、Ｊリーグを目指していく。サッカー選手と自然栽培。まったくつながらなかったが、話を聞いてみると、意外な狙いが見えてきた。

ひとつは、サッカー選手の栄養管理だった。アスリートは体がいのち。体は食物でつくる。その知恵をつけておかないと、プロの筋肉はつくれない。耐久力もつかない。食に関心をもつには、自分で栽培してみること。栄養士任せでは、ほんとうの健康管理はできない。高原さんは、ジュニアチームから、子どもたちに、栽培、料理など食育にも力を入れることにした。

さらに、セカンドキャリアづくりの目的もあった。サッカー選手は、野球選手よりも選手生命が短い。高校を卒業して、三年ほどで現役を退く選手も多い。社会人になったばかりで、次の仕事への切り

替えは難しいだろう。プロになるほどの選手はほとんどがサッカー漬けで生きてきた。サッカー以外の経験知識が乏しい。潰しがきかない不安がある。農業経験を、現役を長く続けるための体力づくりだけでなく、引退後の仕事づくりに役立てたい、という思いだった。沖縄の自然栽培パーティの仲間「合同会社ソルファコミュニティ」と手を組んで、ソルファコミュニティの畑で障害者とともに農作業に取り組んでいる。ときには、高原さんが率先して農作業に汗を流す姿を見ることができる。

宮城県の蔵王では、別荘地の中に、障害者のための学校が生まれた。高齢者の介護コースと、農業・自然栽培コースがある。三年経ったら、地元の農家や農業を営む障害者施設に勤める。

自然栽培×地域×α。思わぬ可能性が広がっている。

伝統食文化の復活

石川県の中能登町では、農業と発酵が結びついて、古くて新しい食文化が芽吹こうとしている。

中能登町は、六年前(二〇一四年)に「どぶろく特区」に認定された。農家民宿や農家レストランなら、どぶろくを製造して販売もできる。全国の神社で三〇カ所ほどが製造を許され、中能登では三社でどぶろくづくりがはじまった。「中能登どぶろく研究会」も発足し、その副会長を務めるのが、能登國二ノ宮天日陰比め神社(二宮神社)の禰宜(ねぎ)船木清崇さんだ。

船木さん自ら、どぶろくを仕込む。そのどぶろくに使う米は、「社会福祉法人つばさの会障害者支援施設つばさ」と地元の自然栽培農家三軒でつくった米だ。自然栽培の酒米を持ち込み、酒造りも手伝う。

毎年一二月の第三土曜日に、船木さんの神社で、「どぶろく感謝祭」を開催。年々、参加者が増えている。つばさの職員も障害者も応援に出る。どぶろくでパンやまんじゅうもつくる。金沢や能登は、かぶら寿司が名物。発酵文化を盛り上げようと動いている。

「日本のマチュピチュ」と地元の人が呼ぶ山里で、お茶づくりを手がける施設がある。岐阜の「社会福祉法人いぶき福祉会」。栽培するのは、三年番茶。三年以上育てて、年一回、冬に収穫する。

天空の茶畑には、いつも日本海側から風が吹く。蒸れないから、アブラムシもつかない。もともと減農薬栽培だったが、三〇年以上前に、村中で無農薬栽培に切り替えた。肥料も油かすだけ。化学肥料は一切使わない。いぶきは、肥料もまったく使わない。風で隣の畑から肥料の油かすが飛んでこなければ、理想的な自然栽培の畑といえる。

三年番茶は、枝ごと刈ってお茶にする。収穫量も葉っぱだけの煎茶に比べて三倍になる。カフェインがないから、就寝前にも飲める。体を温める効果があると女性に人気が高まっている。

人手がなく、手間が嫌われて消えかかっていた食文化が、障害者の手で掘り返され、よみがえろうとしている。

企業を呼び込む一反パートナー

農業は気候次第。リスクの高い産業だ。手間暇かけて栽培した作物も、収穫直前の台風ですべて失くしてしまうこともある。温暖化の影響で、リスクが年々高まっている。そのリスクを企業が代わって背負っていただけないか、というのが、「一反パートナー」だ。支援していただく企業は、「スポンサー」ではなく、「パートナー企業」と呼んでいる。自然栽培パーティとコトノネ、共同で企画した。

米づくりに限って、作付け前に一反分を買い取っていただく。慣行農法なら、一反で米八俵程度実る。自然栽培の場合は、四俵から八俵くらい。栽培する人の腕前だけでなく、気候などもろもろの事情によって、ばらつきが多い。でも、どれだけ収穫が少なくても、多くても、同じおカネを事前にいただく。これで、安心して、植えつけられ、栽培に集中できる。二〇一九年は、台風などの影響で、米の収穫が例年の七割から、ひどいところは半分程度まで落ち込んだ。これは、自然栽培、慣行農法の別なく厳しかったという。こういうときには、「一反パートナー」は、ほんとうに心強い励ましになる。

もうひとつの狙いは、障害者といっしょに作業をしてもらい、親しんでもらうこと。田植え、雑草取り、稲刈りにパートナー企業の社員の方に参加してもらう。小さな子どもを連れた家族が多い。障害者が農作業の指導者になり、手順を伝える。そんな時間を過ごせば、多くの人たちが親しくなる。農作業のあと、いっしょに昼食をとれば、にぎやかな話し声が響く。いっしょに騒ぎながら、田植えして収穫した米ならば、愛着がわく。食べたくなる。パートナー企業の社員食堂で食べてもらう。米といっしょに、障害者とともに生きることを、日常の風景に溶かし込みたい。

年末には、「俺たちの米だぞ」の名前で販売もしている。自然栽培パーティの会員の米をセットにした。食べ比べて、好みの味の米を見つけて、直接施設に注文してもらうことが目的だ。また、野菜などの販売には、セット販売「旬を旅する」を企画。冬・春・夏・秋の四季の野菜をセットして販売。自然栽培パーティでは、北海道から沖縄まで参加している事業所があるため、旬にも六カ月くらいのズレがある。それを、舌で実感してもらうのが狙いだ。

昨年(二〇一九年)秋から、「コトノネファーム」もはじめた。自然栽培パーティの会員の作物を、コトノネで売るだけでなく、商売をいっしょにしようという活動だ。

まず最初に、愛知県豊田市の無門福祉会と組んで、その畑でスタートする。コンセプトは、たのしい農業。無門のスタッフといっしょになって、いままでにない栽培方法、販売方法を企画実践する。子どもが、遊べる農業。障害者が先生になる農業を開発したい。

昨年(二〇一九年)一二月には、「豚汁畑祭り」を開催した。畑には、豚汁の具材になる長ねぎ、玉ねぎ、ニンジン、地場のヤマゴボウなど野菜が植わっている。これで豚汁を調理して、来場者に無料で振る舞う。豚汁セットになった野菜の詰め合わせを買ってもらう。この次は「百均畑祭り」も開催。子どもの手のひらに乗るだけの野菜を、一〇〇円で持って帰ってもらう。

障害者といっしょに、野菜を栽培して、収穫して、食べて、笑って、家族で農業をたのしんでもらう企画だ。豊田市で軌道に乗せたら、全国の自然栽培パーティの農場でやりたい。

6 農福連携から農福融業へ
農業のネットワーク・カンパニー

日本の農業は、小さな農家で成り立ってきた。それが、大規模化に向かっている。けれど、農地の事情を考えれば、アメリカ式大規模農業だけでは難しい。

小規模農家の未来づくり。そのヒントを、愛知県豊田市の農業グループで見つけた。地元の農業法人、新規就農者、障害者福祉施設が集まって、農福連携＋農家連携へと発展させている。そのすべてが自然栽培パーティのメンバーだから、まことにうれしい。

核になっているのは、地元の「農業生産法人みどりの里」。それに、二軒の障害者福祉施設と二人の新規就農者が参加している。施設は、自然栽培パーティの無門福祉会と「株式会社ストレートアライブ」。二人の新規就農者は、一人は地元で生まれ育って消防士になったが、祖父の農場を引き継いだ人。もう一人は、大企業からの転職組だった。どちらも三〇代。地元の農業を絶やしたくない。農薬まみれの食を脱したい。動機はそれぞれ違う。

コトノネではじめて取材したときには、驚いた。みどりの里の二反ばかりの大きさの畑に、この五軒のスタッフが入り乱れて作業していた。ストレートアライブはA型事業所を経営している。農作業には職員と障害者が参加する。作業によって、みどりの里から時給が支払われる。時には、農作業した作物を報酬とする。B型事業所や生活介護の人が来る無門は、作業スキルにばらつきが大きい。成果評価も難しい。おカネではなく、現物で支払うシステムになっている。

みどりの里代表の野中慎吾さんは、自然栽培のプロフェッショナル。イチゴの自然栽培を成功させた。果実は農薬の使用量・回数が多い。とくにイチゴはいちばん多い六三回。いままで挑戦する人がいなかったのも当然と思えるほど、困難な栽培だったはずだ。『希望のイチゴ』(*7)という本にもなった。

栽培技術は、野中さんに頼る。農作業は、みんなで力を合わせる。販売は、ストレートアライブが主体。量を約束しないと大口顧客は捕まえられない。野菜の種類も量も、みんなでやりくりできるから、ストレートアライブも強気で販売できる。

農作物は、利益が薄い。六次化も手がけていきたい。それは無門が主軸となる。それぞれの役割が決まってきた。「新規就農者が育ったら、手を組まなければライバルになる。安値競争に追い込まれて潰し合いになる。栽培も手を組まなければ、大手に奪われる」と野中さん。勝ち抜くために競争すれば、知らぬ間に組織を大きくしすぎる。

小さくていい。いや、小さい方がいい。一人勝ちしなくてもいい。これからは、競争しない、連携する、バーチャルカンパニーを提唱する。

カネは人とチャンスを排除する

この活動は、無門の磯部さんが、みどりの里の野中さんに相談を持ちかけたことからはじまった。五年ほど前、無門は自然栽培をはじめるにあたって、栽培方法も何も知らなかった。野中さんに、「まずは障害者に田んぼや畑の土に慣れさせてほしい」と頼んだ。野中さんは、田んぼの藁集め作業を用意して、「いいよ、来て。畑をぐちゃぐちゃに荒らしてもいいよ」と気軽に受け入れてくれた。単発ではなく継続した作業を勧めてくれた。

野中さんと磯部さん、二人の意見が分かれたのは、工賃だった。野中さんは払いたい。もらう方の磯部さんは逆にためらった。報酬を保障されると、成果を約束しなければいけない。しかし、それはできない。無門には重度知的障害者が多い。いくら努力をしても、スキルが乏しい人や精神的に不安定な人がいる。作業の質も量も約束できない。おカネをもらうどころか、農作業の足手まといになるだけの人もいるかもしれない。それでは、ビジネスではない。長続きもしない。

では、事前に人をしぼるのか。それこそ、できない。一般の企業のしくみの中で働けないから、福祉施設にやってきた。福祉施設は最後の砦。ここで働く機会を奪われたら、どこへ行けばいいのか。何のための福祉施設か。

雇う方も、わずかな金額でも経費が発生すると、リスクが気にかかる。人数をしぼろうか、日数を少なくしようか、と悩むのが経営者だ。それでは、障害者の働く機会を狭めることになる。

結論は「いっそ、無料で働きましょう」となった。無報酬なら、努力はするが成果を約束しなくていい。仕事を選んで与えれば迷惑をかけることもない。金銭的メリットはなくても、野中さんには自然栽培の方法を指導してもらえる。農機具を貸してもらって、使い方まで教えてもらえる。おカネではなく、労働交換とすれば、無門に十分な見返りがある。

野中さんからは、カネではなく、作物の現物支給になった。イチゴの栽培を手伝えば、B級品を持ち帰る。二年目は、ビニールハウス一棟丸ごとのイチゴを譲られることになった。無門では、食堂で食材に使ったり、ジャムやクッキーなどに加工して活用する。おカネに換える方法はいろいろある。結局、その方が作業代をもらうより、大きな利益になった。無報酬から大きな根が育ちつつある。

自然栽培パーティのメンバーの中には、地元の自然栽培農家との連携が広がっている。福岡県糸島市の「さんすまいる伊都&いとキッズ」、群馬前橋市の「社会福祉法人ゆずりは会障害福祉サービス事業所菜の花」、石川県中能登町の「社会福祉法人つばさの会」、福島県西白河村の「社会福祉法人こころん」など、数え上げればきりがない。農家には、技術力があっても、人の手が足りない、耕具も少ない。施設と足らずを足し合えば、いい関係が生まれる。

福祉こそ、これからの経営戦略

農福連携は、農業と福祉では目的が違う、とわたしは言った。実は、これも修正しなければいけない。野中さんは、農福連携によって、福祉の力を発見した。

最初、野中さんが見た、無門の障害者は「働けない人」だった。「言葉が通じなかったり、おしっこもらしたりして、あー全然違う！って」と驚いた。畑でじっと座る。走り回る。大声を上げる。「障害者は無理だな、やめときゃ、よかった、と思いました」。でも、少しずつ変わってきた。言われたように体を動かすようになる。ポットに土を詰める。少しずつ仕事ができるようになる。普通の人なら一分で済む仕事だが、二〇分かければできる。「障害者は何も見てないようで、見ている。感じていることを実感した」。時間をかければ、待てば、できる。いつしかチェックする時間も減って、実働時間が増えてくる。効率も上がってくる。

「絶対できないと思われていた人ができるようになるんですよ、うちに来たからチャンスをつかんだ。ここに来たからできた。それは尊いことではないですか」。みどりの里は、みんなの成長を見守り、よろこび合う職場になってきた。有能な一人を選別するより、いいチームをつくることだ。「いままでは、障害者をもっと増やそうと思っている」と野中さんは言う。

「農業は奥深い。ぼくだっていまも失敗の連続です。人の失敗にやさしくなる。うちの社員もめちゃ変わりましたもん」。支え合う職場になった。社員の連携もできてきて、視野も広がった。

「作業効率を上げることだけにこだわっていては、それと同時に失うものにも気づきました。障害者の出生率と同じ雇用率にしたい」と思うようになった。社会を見る目も違ってきた。「困ったら助け合おうって。そういう社会で自分たちの子どもたちは育っていくようにしよう」。さらに、経営者に戻って、野中さんは言った。「誰もやっていないことに着手しないと。ビビッてる場合じゃないんですよね」。障害者の活用に、早く取り組むことこそ組織としての生き残る道だ。

会社が、おカネではなく、社会とつながる強さを知った。

等しく「天の贈与」をいただく

「同じ春は二度ない」と農家の人から聞いた。

一〇年やっても、二〇年たっても、いくら失敗を経験しても、同じ春は来ない。野菜のことはわかったと思っても、同じ土、同じ雨量、同じ日ざしであっても、栽培の条件は違うらしい。名言と感動したら、いや、百姓なら誰でも言うよ、と笑われた。農業は深い。

「農業っていいよね。利用者の人とフラットな関係になるの。それが、気持ちいい」。農業のおもしろさを、コトノネファームの仲間、無門のスタッフ吉田晶さんは、別の角度から教えてくれた。「たとえば、内職仕事は、自分ができる仕事を営業して取ってくる。自分ができない仕事では怖くってできない」。当然だ。自信のある仕事を取ってきて（自信のある仕事しか、取れなくて）、障害者に教えて、やってもらう。どちらかと言うと、障害者の能力も低めに見積もる。「でも、納期に間に合わない。自分がやるしかない。すべて、自分、自分、自分…なのね」。自分がいなければ、何も進まない。それが、シンドイ。苦しい。そして、どこかに傲慢さを生み、それがまた自己嫌悪につながり、負の堂々巡りになるのかもしれない。

『農業を株式会社化するという無理』（＊8）という本で、内田樹が、「農業が他の産業と一番違うのは、その成果の多くが贈与に拠っているということです」と言っている。鉄の塊を地面に置くだけでは自動車はできないが、農業は、土の上に種子を置くだけで、土壌、雨水、太陽の熱で、食物となる植物が育っている場合もある。少なくても、自然の営みがベースになって作物が育つ。「自分たちが手にした成果が『天からの贈与』であるということを第一次産業の人たちは実感している。自分が贈与を受ける立場にあるということを実感する。ですから当然それに対して感謝の気持ちを抱く。『ありがたい』と思う」。

農業の収穫は、「天からの贈与」だ。「天の恵み」の不思議な力で植物が育ち、いのちがつながっていく。わたしだけの努力、能力では何ひとつ生まれない。障害者をサポートするわたしは、ピラミッドの中で上位に立っていたけれど、ピラミッドを横に倒してみると、横並びで見ると、ただの違いに見えてくる。

等しく「天の贈与」を受ける身として、障害者とともに農業にかかわる。自然に上下関係が消え、その清々しさが、いちばんの贈与かもしれない。

※本文中に登場する福祉事業所は、二六二ページに一覧が記載されています。

参考・引用文献

（＊1）是枝裕和・監督（二〇一八）映画『万引き家族』第71回カンヌ国際映画祭パルムドール受賞
（＊2）小熊英二（二〇一九）『日本社会のしくみ―雇用・教育・福祉の歴史的社会学』講談社
（＊3）高橋源一郎（二〇一九）『答えより問いを探して―17歳の特別教室』講談社
（＊4）渡辺一史（二〇一八）『なぜ人と人は支え合うのか』筑摩書房
（＊5）季刊『コトノネ』編集部・編集制作（二〇一九）ＬＬブック仕事に行ってきますシリーズ『いちごを育てる仕事』埼玉福祉会
（＊6）池上甲一（二〇一三）『農の福祉力―アグロ・メディコ・ポリスの挑戦』農山漁村文化協会
鳥取県旧東伯町（二〇〇四年に赤崎町と合併。現在は琴浦町）の農家を対象に、一九九七年と二〇一二年の二回調査を実施。ＪＡ組合員を介してアンケート用紙を配布、回答は直接郵送。配布依頼数三六〇部、回収は九四部。
（＊7）田中裕司（二〇一六）『希望のイチゴ』扶桑社
（＊8）内田樹・藤山浩・宇根豊・平川克美『農業を株式会社化するという無理』（二〇一八）家の光協会

Ⅳ章

農福連携・自然栽培パーティ編（事例）

株式会社 パーソナルアシスタント青空

ロック魂の自然農

『奇跡のリンゴ』の木村秋則さんは、本屋の本棚の上段にある本を取ろうとして、その隣にある本まで誤って落としてしまった。

その本が、木村さんを自然農法に導くことになった。

その木村さんを師と仰ぐ佐伯康人さんは、障害児の三つ子を授かったことで、福祉を仕事とすることになり、自然農に行き着いた。

神さまは、ときに不機嫌な顔つきをして近づいてくるのかもしれない。

「三つ子障害児」奇跡の物語

使命を授かった

三つ子を身ごもって、七カ月半で出産。生れた子は三人とも、脳性まひで肢体不自由児だった。

男、女、男。命の保証も難しい。とくに、次男は助からないだろう、と医師から宣告された。この時、佐伯さんは、「自分に使命を授かった、と思った」と言う。耳を疑った。聞き直した。ほんとうですか、すぐそんな思いが浮かんだのですか。「うーん、一呼吸の間があったようですが、一瞬のことでした」。

『五体不満足』の著者・乙武洋匡さんのお母さんは、満足に手足のない乙武さんと対面するなり、「まあ、かわいい」と発したという。しかし、佐伯さんは、三つ子だ。普通の三つ子を健やかに育てることだけでも大事業だ。ほとんどの人なら、それだけで途方に暮れるのではないか。それなのに、三人とも障害児、途方に暮れる間もなく、「自分の使命」と受け止める。信じられないと言うより、どう理解していいのか。

三つ子と知った時に、うれしさだけでなく、頭を抱えなかったのですか。同じような質問を何度もしてしまう。「三人できたらいっしょにゴルフしてとか、いっしょに音楽やってとか、いろいろ想像してました」と佐伯さん。なんとまあ、明るく屈託のない答え。佐伯さんのこのスピリット自体が奇跡に思えてきた。

代表の佐伯康人さん

永ちゃん気取りだった

佐伯さんの二〇代は、ロック・ミュージックとともに過ぎた。地元・愛媛県松山市では、二〇〇〇人の人を呼べるぐらいの人気バンドだった。バンド名はWIZKIDS。

メジャーのレコード会社から誘いがかかった。一九九〇年、バンド仲間が大学を卒業するのを待って、東京に進出。契約金も用意された。一億円。いろいろな事務所からも声がかかった。佐伯さんは自由に動きたかったけれど、レコード会社は、すべてのマネジメント権を要求した。話がこじれた。「いいよ、誰の言うことも聞かない」と、すべての求めを振り切った。レコード会社の怒りを買い、一年間干された。二五歳の時に、バンドも解散し、ソロ活動を始めた。契約金もどこかに消え、月収は、わずか一〇万円ほど。松山からいっしょに出てきた女性、すなわち今の奥さん、恵さんの稼ぎでしのいでいた。「プロで売れる前に、永ちゃんを気取ったもんで」と、佐伯さんは笑う。じゃ、すんなり、デビューして永ちゃんのように売れていたら、どうなっていたのかな、と聞くと、「そうですね、四回ぐらいは離婚結婚を繰り返していたかも…。まあ、奥さんとはいっしょにいなかったなあ」。結構、真顔だ。でも、それでいいわけはない。佐伯さんは「使命」と出会えなかったんだから。

何をしてんねや、オレは

三〇歳のとき、松山に戻る。

電子機器の組み立ての会社を経営していたお父さんが体調を崩す。母親も、癌を発症する。強く呼び戻されたわけではないが、「東京で華々しい活躍をしていたわけでもないから」。いまが、潮時かな、という思いだったのだろう。親の会社の役員となって、組み立て作業にもつく。

東京を捨てたけれど、音楽を捨てたつもりはない。むしろ、音楽はどこにいてもできると、自分に言い聞かせてのUターンだった。「役員兼ミュージシャンだったんです」。結局、二股の道に悶々とすることになる。心は、二股にもなっていなかった。「売上が上がるほど、モヤモヤしてました」。とんでもない役員だ。それでも、しゃにむに働いたけれど、いつも心でつぶやいていた。「どうせ金だろって」。

奥さんは、新しい生活にすぐ切り替わった。「早く、赤ちゃんがほしい」。

不妊治療に励んだ。「今年授からなかったら、もう諦めよう」と思っていた一九九九年、結婚して一○年目にやっと願いがかなった。三つ子だった。

医者からは、未熟児で生まれることは避けがたい、と言われた。さらに、三人は生まれるまでにリスクが高い。「うちではできないけれど、一つか二つ減らすこともできる」と、ほのめかされた。

農作業を終えれば車座になってミーティング

すでに三人の心臓が動いている。「主人と相談してリスクがあっても産むことに決めました」(恵さん)。三つ子は何も知らないが、一つのハードルを越えた。

七カ月半で生まれた命

妊娠七カ月半、大事をとって入院した。急にお腹の張りが強くなって、すぐ帝王切開で出産することになった。だが、病院に保育器の備えがない。大学病院にいながら、別の病院に搬送されることになる。着いた病院には、急患が飛び込んできて、また待たされた。結局、手術までに五時間ぐらいかかった。「お腹の子の心音が弱くなってくるのが分かるし…」(恵さん)。気が気でなかったが、なんとか、三つ子を出産する。

次男一三〇〇グラム、長女一二〇〇グラム、長男九〇〇グラム。二〇〇〇年の六月一八日の日曜日、父の日だった。

佐伯さんは、ずっと待合室にいた。「NHKのN響アワーみたいなオーケストラの曲が流れていました」。そんなことが記憶に残るのか、と思ったけれど、その曲はベートーベンの『歓喜の歌』と『運命』だった。

佐伯さん一人、担当医にICUに呼ばれた。生まれたけれど、三人とも、命が助かるか、わからない。とくに、次男は助からないだろう、と言い渡された。「もし、助かっても、脳室の周囲に出産時の酸欠による空洞ができたので、脳室周囲白質軟化症という障害を持っている。運動機能の障害が起きる」。佐伯さんは黙って聞いた。そして、絶望より先に、「自分の使命」が舞い降りた。「子どもの命を守る。すべてを尽くす」。窓の外を眺めていたら、子どもたちの成長していく姿が浮かぶ。「この町で生きていけるような暮らしをつくらなきゃならないし、町づくりも考えたんですね」。

「音楽をやっているから妄想も強いんで」と、佐伯さんは笑った。すごい妄想力。恵さんは、まだ何も知らされず、ベッドの上だった。

お母さんの恵さんと長男 宇宙(コスモ)くん

長女 素晴(すばる)さん

次男 主人公(ヒーロー)くん

お前は、「ヒーローだよ」

「次男にすぐ名前を付けてください」。説明の最後に、医師は言った。次男は、いま生死を彷徨っている。だが、この世に生まれたからには、名前がいる。ひょっとすれば、死亡届を出すための出生届になるかもしれない名前だった。

佐伯さんは、夕方に自宅に戻る。「いまでもしっかり覚えています。朝までじっとしていて。それまでに、名前は宇宙（コスモ）だけ決めていて、あとは何にも決めてなくて。生まれてから決めようと思っていて」。長男は、コスモにした。朝になった。真っ青な空。

「病院に行く途中。すごい快晴で、上から言葉が落ちてくる感じで、すばらしい、で、素晴（すばる）って思い、つけたんです。長女はそれにしようって」。

肝心の次男の名前が残った。病院について「保育器の中に指一本入れて触っていました。この子は死ぬかもしれない。でも生きた証を残したい。戸籍に残したいと。そして、生きてほしい。自分の力で生きてほしいと思って主人公（ヒーロー）と名付けたんです。自分という人生の主人公はきみしかいないんだと」。

佐伯さんは子どものそばを離れたくない。役所への出生届を、実の姉に託した。姉から届け終えた、との電話があった。その時、「本当に偶然なんですけど、それから自分で呼吸をしだしたんです」。それは偶然ではないように思える。佐伯さんは、ずっと、ヒーローとなる次男の指をなでながら、名を呼びかけていた。「ぼくは、ヒーローと言うんだね。わかったよ、父さん」と、応える呼吸だったのだ、きっと、

三人とも、いま、特別支援学校の中学一年生。取材した日、ヒーローくんは、マウスを操ってネットに興じていた。取材者がディスプレイを覗くと振り向いて、「すいません、ボクは、ヒーローです。お名前を教えていただいていいですか」とにこやかに言った。恐れ入りましたとばかりに、あわてて名乗ると、「ありがとうございました」と答えた。

地元の人の応援で、やっと育児の目途が立つ

奇跡を起こす

六月一八日に生まれて、二カ月後にめでたく退院。「だけど、実は家に帰ってからが地獄だったんですよね」と佐伯さん。

病院でケアの方法を教わったけれど、長男コスモくんが、ずっと泣き続ける。次男ヒーローくんは、「昼寝で目を開けた時に、ぐるんって目が回っている」（恵さん）。病院に駆けつけたら、二人とも、点頭てんかん（※）の診断が下りた。すぐ入院。ステロイドの注射を、お尻の筋肉に打って治療する。注射は二週間。

「三カ月の入院生活は、ものすごいしんどい三カ月やったんです

よ。全然寝てくれないんですよ」。注射を打つとお腹が空く。一回にミルク四〇〇ミリリットルも飲む。母乳では足らず、ますます機嫌が悪くなる。「夜中、コスモとヒーローを二人用のバギーで、ずっと歩いて寝させて。やっと寝たと思って、病室に戻ったらまた泣き出すんですよ。お布団に移せないんですよ」。

それから、股関節など幾たびも、辛い手術を乗り越えてきた。そのたびに、奥さんは「不憫さ」に涙を流した。

佐伯さんは、「なんとしても、三人を立たせてみたい」と意欲的だった。二年間休職届けを出した。「奇跡を起こしてやろう」と意気込んで、障害のことを勉強した。イギリスのリハビリ療法に出会う。理学療法士や作業療法士に相談すると、「ボランティアを集めてくれ。毎日あなたたちだけでは無理だから」。それは、介助の手が足りないだけの問題ではなかった。「この子たちを通したコミュニティが大事なんだと」。障害そのものよりも、地域の人たちといっしょにやっていく環境が大事だ、と教えられた。

どうか、助けてください

リハビリに、一人三時間。三人やれば、毎日一〇時間くらいかかる。洗濯・掃除・食事と、日常の家事もある。心は折れなかったけれど、体がボロボロになった。でも、ボランティアのなり手はない。八方に手を尽くしたが、効果はなかった。もう、ギリギリに追い詰められていた。

そのとき、佐伯さんのお母さんが、民生委員だった経験を活かして、昔の仲間や社会福祉協議会の人に声を掛けてくれた。「三つ子ちゃんを守る会」が誕生した。女性ばかり五〇人の大集団ができた。毎日何人も交代で来てくれた。「でも、子育ての経験はあるが、障害のある子なんて触ったこともない」。一生懸命さは伝わるが、リハビリはもどかしい。

佐伯さんは、方法を指導する。「こと細かく、ここはこうだとか、ここはこうじゃないとか言ってたんですね。でも、それをやっていくと場の雰囲気っていうのは悪くなっていくんですよね」。みんなから笑顔が消えていった。佐伯さんの迷いも深くなった。「最初は、ありがとうございます、と言っていたのに、感謝の気持ちも忘れかけていた」。まさに、負のスパイラルにはまっていた。

「すばるちゃん、ありがとね」

ある日、一人のおばあちゃんが、三つ子に話しかけているのが目に入った。その人は、「ありがとうね、ホント、ありがとうね」とささやいている。思わず、おばあちゃんに尋ねた。「今日は、家で夫婦喧嘩をしてきたの。それで、すっごい嫌な気持ちで道中来たんだけど、この子たちの顔を見たら一発でその気持ちが消えた」と。

佐伯さんの心の中で、何かが一瞬で弾けた。「この子らのハンディがなくならなくて、車いすになったとしても、こういう人たちが地域にいてくれたら、スーパーに行っても声を掛けてくれる世間がある。障害があっても明るく生き生きと暮らせるんじゃないか」。

リハビリの一日三回セットを一回に、その一回も三分の一に短縮した。余った時間を、ボランティアの人たちと遊んでもらうことにした。「見事に、子どもの情緒が豊かになって、モチベーションが上がった」。機能を獲得しだした。

三つ子の光が、町を越えて

一人ひとりの良さも、よく見えるようになった。「すばるもヒーローも記憶力がいい。五〇人のおばあちゃんの名前を覚えられるし…。三歳になった時は、落語の『寿限無』が言えるようになった」。皆に褒められ、認められると、やる気もでる。「チャレンジもするようになるので、立たされるっていうより自分で立つって意識が出て。腹這いから四つ這いになって伝い歩きするようになって」。長男コスモくんも、腹這いでまわったり、指も動かせるようになった。

「機能を獲得しても、誰にも愛されないより、地域の人に愛情をもらいながら、彼らが与えていることが、光だなと思ったんですよね。お互いに持ってる力は違うんだと思ったんですよね」。

佐伯さんの視野は、わが子から、「障害者も楽しく暮らせる町づくり」になった。障害児も普通の子ども利用できる児童デイサービスづくりから、障害者のための仕事づくりに発展していった。

「奇跡のリンゴ」の木村秋則さんを師匠に、自然栽培に一筋に生きる

偶然は、いつも誰にも風のように吹いている。風はつかめないけれど、偶然はつかんで「使命」にできる。佐伯さんは、ついに、自然農をつかむ。

(※)点頭てんかん

生後四カ月～一歳ころの小児に発症する予後不良のてんかん。ウエスト症候群とも呼ばれる。両腕を上げると同時に頭部を前屈(点頭)する短い強直《きょうちょく》発作が、数秒間の間隔で数回から数十回と反復して起こる。

初出『コトノネ』10号(二〇一四年五月発行)。文中の内容、データは掲載時のものです。一部加筆修正しています。

NPO法人 縁活 おもや

売り方は野菜が知っている

野菜づくりは、楽しい。
土に触れ、自然の中でじっくりと作業をするから、障害者にも向いている。
でも、つくった野菜をどう売るのかは、難しい問題だ。
「障害者と農業」が持つ可能性を広げようとするなら、
障害者がつくった野菜を、もっと知ってもらわねば。
知ってもらうには、買ってもらわねば。
でも、どうしたら。ここに「売り方は野菜に教わる」と言う男がいる。

よかったら、赤玉ねぎをどうぞ

「今日のソラマメ、どうですか?」
「いいですよ、色も濃くて。え、この二つ、種類が違うんですか?」

「そうなんです。いつもお持ちしている『おたふく』と、もう一種類…」

「細長いですね…。うん、美味しい！　ちょっと固めで、でも豆の味がしっかりして。これ、なんていう品種ですか？」

「え？　あ、いやー、ボクにも、わからんのですわ。調べておきます…」。苦笑いの、杉田健一さん。滋賀県・栗東市で作業所「おもや」の施設長を務める。

杉田さん、この日は京都・出町柳に出てきた。町家を改装したフレンチレストラン「エピス」に、「おもや」でつくった野菜を届ける。いまは昼の三時すぎ。奥のキッチンでは、ディナーの仕込みの真っ最中。シェフの井尻宣孝さんが仕込みの合間を縫って、杉田さんと野菜談義。

施設長・杉田健一さん

「赤玉ねぎ、よかったら一つ試食でいかがですか？　今日のとれたてです」
「どれどれ…、あ、中はけっこう白いんですね。中ももっと赤いと、料理人としてはうれしいんですけど。…でもうまいですよこれ。生で出したら、いい感じですね」
「ありがとうございます！」
「あ、そうだ、今度あれもつくってもらえないですか、食用の花。あれ、僕らほんとにたくさん使うんで。あればあるほど助かります」

「ホンマですか？　ありがとうございます！じゃあつくりますよ、すぐにでも！」

「『おもや』さんは、農薬使ってないんで、こんなお願いもしやすいですよ」

「ありがとうございます！」

杉田さん「ありがとうございます！」で、また一つ、注文をもらった。

◆◆◆◆◆

七八円のキャベツに負けた

「おもや」では、昨年（二〇一三年）から、無農薬・無肥料の自然栽培をはじめた。設立から四年目。二年目からは有機農法に切り替えた。有機農法から自然栽培へと移行していったのには、あるきっかけがあった。

「有機農法で、肥料をたっぷり入れて、無農薬でキャベツをつくったんです。たくさん収穫できましたけど、つくるのにも大変な手間がかかった。いっぱい虫がつきますから、それを手作業でとって。草とり、追肥と、ほんとに一生懸命やった」。自信を持って、できたキャベツを近くのスーパーの横で売り出した、ところが…。「僕らのつくったものと同じ大きさのキャベツが、スーパーでは一個七八円で売ってました」。「おもや」のキャベツは二〇〇円。全く売れなかったという。「悔しくてね。僕としたら、一個五〇〇円で売ってもいいというくらいに手間ひまかけたんですよ」。それが七八円のキャベツと並べられ、比較され、負けてしまった。

このとき杉田さんは、野菜を売ることの難しさを思い知った。「これではダメだ。同じようなつくり方をして、同じような売り方をしていては、七八円のキャベツに勝てない」。

これぞ、障害者の仕事

絶対に誰にも負けないような野菜をつくりたい。「おもや」の野菜でなければ、と人に言われるようになりたい。そして、それを本当に必要としてくれる人に売りたい。野菜のつくり方、つくった野菜の売り方、両面からの挑戦がはじまった。

そんなとき、人を介して、「パーソナルアシスタント青空」の佐伯康人さんと出会った。『奇跡のリンゴ』で知られる木村秋則さんの一番弟子であり、自らも愛媛県松山市で障害者と共に自然栽培に取り組む佐伯さんについては、『コトノネ』10号で取り上げた通りだが、この出会いを通じて入り込んだ自然栽培の世界に、杉田さんは驚か

育て方は野菜に聞く

されたという。

「有機農法では、堆肥づくりが大変なんです。ちゃんと発酵させるために何度もかき混ぜて、面倒見なきゃいけない。それが自然栽培では、何も要らない。土に何も入れない、作物に何もかけない。なんだこれ？って」。

「おもや」でもさっそく自然栽培を取り入れようとしたが、いきなり全てを自然栽培にすることは、リスクが高いと思っていた。しかし「こっちの畑は有機農法で、こっちは自然栽培で、と言っても、利用者が混乱するだけ」と杉田さん。腹をくって、全部の畑を自然栽培に切り替えることに決めた。すると佐伯さんが松山から来てくれて、いろいろアドバイスをしてくれた。そのおかげもあって、軌道に乗った。

「肥料も、農薬も買わなくてもいい。水をやればいい。虫とり、草とりなどの手間をかければいい。お金をかけずに、手間をかければいい、というのは、僕ら障害者施設が一番得意なところなんですよ」と杉田さん。障害者の強みを生かし、コストをかけず手間をかけ、無農薬・無肥料という大きな「強み」を手に入れる。偶然の出会いからはじめた自然栽培に、大きな可能性を感じた。

なぜ捨てる？「規格外」は売りになる

しかし、自然栽培でとれる野菜には、「強み」と同時に「クセ」もある。慣行農法や有機農法と比べて、野菜の大きさや形、収穫量は一定しない。ちょっとした気候や土壌の変化で、野菜は大きくその姿を変える。ダイコンやニンジンに「す」が入って、実が使いものにならなくなってしまったりすることは、しばしば起こり得ることだ。

京都・二条で八百屋「マルシェノグチ」を経営する野口泰亮さんと出会うことで、杉田さんは、そうした「クセ」をも「強み」にする方向性を見つけることができた。

野口さんは言う。「私の店には、安心・安全でクオリティの高い野菜を求めて、一般のお客さんだけでなく、京都市内や滋賀県域のレストランからもお客さんがいらっしゃいます。レストランに行くということは、お客さんは非日常を求めてくる。家でつくれるものをわざわざ食べたりはしない。だから野菜も、普通のものと正反対のものを欲しがるんです」。

たとえば、「おもや」の葉付き玉ねぎ。あるレストランでは、葉っぱと実を別々に焼いて添えて出したという。無農薬だからできることだ。小さなニンジンやほうれん草など、農家が「これは、売れないだろう」と思っていた野菜でも、レストランにとっては魅力的な商品になる、という。

「逆に飲食店さんは探していらっしゃったんですよ。『え、こんなのでニンジンなの？』というような、驚きのある野菜を。いままでは農家さんが自家消費していたんですが、その野菜を欲しがっている方がいるっていうことをお伝えし、きちんと対応すれば、それなりの値段で売れるんです」と野口さん。

先程の例で言えば、「す」が入ってしまったダイコンやニンジンなら、もう少し育てて、その「花」を商品としてすすめる。ダイコンの花ならダイコンの、ニンジンならニンジンの味がする花がとれる。軽くソテーして出すだけで、特色ある一皿ができる。

野菜がおいしくなければ手助けできない

さらに「おもや」について「農家さんができないことをできることが強みだと感じます。正直、手間なんですよ。ニンジンの間引きを一つ一つ、五〇〇本やったりするのは。普通の農家はまずやらない。それができることに、『おもや』さんの可能性がある。いくつかの農家さんとおつきあいしていますが、お客さん、とくに飲食店さんには、その『おもや』さんの強みをしっかりと伝えていきたいですね」（野口さん）。

冒頭で登場した「エピス」の井尻さんも、「おもや」の野菜を高く評価する一人だ。

「うちで扱っている野菜は、有機農法は当たり前です。おいしい野菜を求めていくと、結局そこにたどり着く。『おもや』さんとは、私も滋賀県出身だということもあって、少しでも手助けできたらいいなという気持ちもありましたが、味も品質もすごくいいんです。種類や量的には、うちで使う全てを賄える量ではないですけど、すごく魅力的な野菜です。障害者施設だとは意識せずに、ただただ純粋にこの野菜なら欲しい、と思いました。助けてあげたくても、野菜がおいしくなければ、お店には出せないし、いらないですから」。

「土に戻して」、キヌサヤの声がした

自然栽培で強みをつくり、次々と販路を開拓する杉田さんに、今年（二〇一四年）五月、大きな転機が訪れた。

「次はインターネット販売をやろうと思ったんですけど、やめました。ネット販売のページもつくって、お金も払ってたのに。勇気いるでしょ？」と杉田さん。販路を広げることはいったんやめて、これからは直接顔の見える人にだけ売りたい、と思ったという。なぜですか、と聞くと、「これはアホな話なんであんまり言いたくないんですけど」と照れながら、「野菜がそういうことしたらあかん、って言ってる気がしたんです」と小声で言った。

売り方も野菜に聞く。人間の無理は通じない

こんなことがあった。

「たくさんキヌサヤがとれたから、ＪＡさんに五〇袋くらい持って行ったんです。そしたら全然売れずに、売れ残りが四〇袋くらいになった」。このまま置いておいてもよかったが、売れ残りをそのままにしている方が人気がないと思われる。全部持って帰ってきた。

売れ残りのキヌサヤを、袋から全部ざるに出したとき「ごめんな、

ごめんな」と言いながら、悔しくて、涙が出てきた。「そしたらキヌサヤがね、『土に戻してくれ』って言った気がしたんですよ」。

そこで杉田さん、ビニールハウスの、豆の木の根元に、売れ残ったキヌサヤを全部かけた。「次の日スタッフが、誰やこんなんしたん！　って怒ってましたけどね」。ええんです、と笑う。「誰に買ってもらうか、食べてもらうかは、僕らが決めるんじゃなくて、野菜が決めるんだと思うようになりました。野菜が売れ残るっていうのは人間の勝手で、野菜にしてみたら、こうして土に還るのがいいことなんやから、これでいいんや、って思って」。

実は野菜自身が、食べてほしい人に食べてもらえるようにと考えているのではないか。じゃあ自分たちのやるべきことは、なんだ。「本当においしいものをこだわってつくれば、それを欲しいって言ってくれるお客さんがいらっしゃるはず。そのお客さんに合せて売ればいい」。そのためには、冒頭のシーンのように、納品先でちゃんとお客さんの話を聞くことも必要だ。そうした営業には、現場の知識が不可欠。だから営業をする人間は、畑で農作業もやらなくてはいけない。おのずと販路には限界ができる。「でもその方がいいんです」と杉田さん。「バンバン売っていくよりも、いまはバンバンつくりたい気持ちが強い」。ネットで全国展開を狙おうと、気持ちが揺らいだこともあったけど、それでは野菜の声を聞くことはできない。「いま、一生懸命、やることをやっていけば、もしそれが必然なら、自然と全国に広がっていくんじゃないか、と思うようになりました」。

今日も野菜の声を聞く

「おもや」は、今後は飲食店の経営にも乗り出すが、これも、「野菜の声」を聞きたいという思いからだ。「年末までには『おもやキッチン』を立ち上げます。通常の流通に乗らないような野菜、失敗したと思われるような野菜も使って、リーズナブルな価格で食事を提供したい」。シェフには、滋賀県・瀬田で居酒屋「ひろち屋」を営んでいた松岡弘行さんを起用。松岡さんも「おもや」の野菜の理解者だ。「おもやキッチン」は、地域に、リーズナブルな価格で「おもや」の味を楽しんでもらう飲食店であると同時に「おもや」の研究開発のためのスペースとしても活用する。「なんでも商品になる可能性がある、とわかってきましたから、それを逆手にとって、どんどん提案していけないかと思っています」。

自然栽培をやっているから、慣行農法の枠組みの中で見ると「規格外」のものができる。でもそれは、「失敗」なのではなく、新しい商品の「可能性」だ。

すでに杉田さんと松岡さんは、「おもやキッチン」のメニュー開発に取り組んでいる。「たとえば小さなニンジンだったら、琵琶湖の小エビとかき揚げにしたらうまいよね、とか、松岡さんからアイデアがどんどん出てくる。楽しみです」と杉田さん。

野菜の声を聞きながら、野菜に売り方を教わって、今日も杉田さんは畑に出て、お客さんを回り続ける。

初出『コトノネ』11号(二〇一四年八月発行)。文中の内容、データは掲載時のものです。一部加筆修正しています。

【おもやのその後】

連載「農と生きる障害者」の一回目で紹介。その時から、五年経って、おもやもすっかり変わりました。二〇一五年三月には、オモヤキッチンも開店。二〇一六年には、「栗東529プロジェクト」に着手。中山間地域の畑はイノシシ被害がすごい。イノシシが狙わないこんにゃく芋を自然栽培で育てて、昔ながらの製法でこんにゃくづくりをはじめた。地元のおじいちゃんおばあちゃんと相談しながら、ゆっくりゆっくり。昨年二〇一九年三月、加工場を建築。オモヤキッチンで使う総菜、カレー、ドリアソースなどを製造。六次化も進めている。

合同会社 ソルファコミュニティ＆沖縄ＳＶ

高原直泰選手は、沖縄で百姓になった

サッカー日本代表として活躍した高原直泰選手は、
昨年（二〇一五年）暮れ、沖縄に移住してサッカーチームを立ち上げた。
沖縄ＳＶ（エスファウ）(※1)、県３部リーグ(※2)からはじめる。
自然栽培パーティのメンバーのソルファコミュニティ(※3)とのコラボで、
農業にも取り組むという。何があったのか、
どうなっているのか、聞かずにおれない。

県リーグのグランドでジュビロ磐田を思い出す

五月一日（日）朝八時過ぎ、沖縄・うるま市具志川総合グラウンドは、芝生が強い陽ざしで波打っていた。沖縄県3部リーグの初戦がはじまる九時には、気温は二〇度に迫っているのではないか。

その初戦は、沖縄ＳＶのサッカー界デビュー戦となる。グラウンドでアップがスタートした。ベン

チ横を見ると、黒い審判服に着替える人の背中が、心なしか緊張しているようだった。興味をそそられて話しかけると、初戦の副審だった。アマチュアの試合には専門の審判は派遣されない。彼は、審判を終えたら、自分の試合に臨む。高原さんの試合の審判ができるって、記念になりますね、というと、「いやあ、ボク、高原さんがいたころのジュビロの大ファンだったんです」とうれしそうに言った。高原さんが入団した一九九八年、ジュビロ磐田はＪリーグ1ｓｔステージで優勝。2ｎｄステージは二位。黄金時代を迎えていた。ブラジル代表のドゥンガが司令塔としてにらみを利かせ、中山雅史が走り回って得点王・ＭＶＰに輝いた。いまは、ジュビロ磐田の監督として返り咲いた名波浩が中盤を華麗に仕切っていた。

元日本代表のスター選手のプレイにファールを取れば、すごい勲章じゃないですか、と軽口をたたくと、「とんでもない、このド素人と言う目でにらまれたら、と思うと、足がすくみます」。そうだろうな。高原さんの翌年にジュビロに入団して、不動の中盤として活躍した西紀寛選手も、いま、目の前でアップしている。ずっと東京ヴェルディＦＷの星だった飯尾一慶選手、Ｊリーグで西選手と同時代に勇名をとどろかせた森勇介選手も、先発メンバーに名を連ねている。これだけのＪの強者を、県3部リーグの選手が、審判として仕切

10番はオーナー兼監督兼ストライカーの高原直泰さん

るのは荷が重かろう。

「このままで、J2にも行けるよ」「J1でもやれそうね」とスタンド席の会話も、ボルテージが上がってきた。

審判の方が緊張していた初戦

キックオフの笛が鳴った。ベンチでは「二ケタ以上のゴールじゃないとな」と、沖縄SV取締役のボブさん（本名・妙摩雅彦）がつぶやいた。勝つのは言うまでもない、大量得点も当たり前、選手には試合の質が問われている。

予想通り、ほとんど敵チームのエリアでの戦いになった。でも、攻め込むけれど、ゴールにならない。まだ何分もたっていないのに、ジリジリする。開始五分、ヘディングでゴール。ずいぶん待たされた気分だった。三ゴール目は、高原さんのヘディングが決まった。右コーナーキックをニアの位置で合わせる。直角に角度を変えられたボールは、ポスト左隅に突き刺さった。試合の後、真横に飛ばすなんてすごいですね、と高原さんに話しかけると、「いやあ、あれは基本のプレイですよ」と、素人の感想に笑顔で答えてくれた。終わってみれば、一六対〇の勝利。高原さんは二得点。佐藤元紀選手は、なんと九得点。でも、高原さんは、この選手に厳しかった。「いいか、お前の周りに、たくさんのチャンスがあった。相手のレベルが上がると、あんなプレイでは奪われる」と叱った。興奮冷めやらない副審も戻ってきた。お見事です、選手からブーイングが起こりませんでしたね、と言うと、「助かりました。高原さんが、言うな、とずっと選手を抑えてくれていました」。

沖縄で二番目のJリーグを目指すチームのデビュー戦は、スタンドのファンにも、敵チームにも、審判にも、さまざまな思いを残して無事に終えた。

試合から三時間後、高原さんたちは畑にいた。

ソルファコミュニティで農業実習

うるま市の隣中頭郡、自然栽培パーティのメンバーであるソルファコミュニティの畑だった。試合グラウンドから、車で一〇分ほど。汗を落として、高原さん、森さん、それに地元うるま市出身の仲間和史さん、三人の選手が駆け付けた。

森さんがコンバインを操っていた。「いいですか、気を抜くと持っていかれますよ」と指導員役の職員・松田和也さんが注意を促した。グラウンドでは敵味方なく恐れられる森さんが、神妙な顔でうなずく。次は、高原さんが耕耘機を動かした。ソルファコミュニティの代表・玉城卓さんはニコニコ顔で言った。「自然栽培パーティに参加して、農業をやるって聞いたとき、ほんとかな、って思ったんです。スター選手といっしょにやれれば、みんな大歓迎だけれど」。でも、高原さんは真剣だった。玉城さんのところでは、津堅島にもニンジン栽培用の畑を持っている。津堅島は中城湾の沖合五キロにある小さな島。キャロットアイランドと呼ばれている。そこにも、高原さんはすぐやってきた。高原さんは率先して腰をかがめて収穫作業に加わった。「スジがいい。作業の姿を見ているだけで、うれしくなる」と、玉城さんは、サッカー元日本代表と農作業をやるよろこびを語る。高原さんたちは、コンバインの扱い方を一通り学んだあとは、パパイヤもぎ。最後は、障害者と並んで雑草取りに加わった。

初戦の後、疲れは大丈夫なのだろうか。森さんに聞くと、「かがむ仕事が多いから、農作業は大変ですね。腰に来ますよ」と笑った。とくに、今日のグラウンドは、凸凹の芝生。ボールの予測のつかないバウンドへの対応に、筋肉の負担が大きい。高原さんは、十分承知のうえで、なぜ、農業に、それも自然栽培に取り組むのか。いや、その前に、どうして高原さんは、縁もゆかりもない沖縄の地を選んだのか。選手、監督だけでなく、経営まで乗り出したのか。しかも、なぜ、県3部リーグからはじめるのか。もっと違うサッカー人生があっただろうに。

沖縄を元気にするために「沖縄に骨を埋めます」

高原さんは、昨年（二〇一五年）一二月、記者会見に臨んだ。神奈川県のJ3チーム「SC相模原」を契約満了で退団して、沖縄SVを立ち上げることを発表した。高原さんをよく知る人には、疑問ばかり。

もし引退しても、フロント入りか、コーチか、監督、それとも、試合解説者など、高原さんクラスの経歴なら、どんな選択も可能だっただろうに。「それが悪いわけじゃないけど、おもしろいのかなっていうのがあって…」、いちばん成功から遠いところを選んだのか。前々から考えていたことなのか。

「いや、昨年に沖縄から話をいただいたんですよ、このうるま市周辺を、スポーツを核にした産業で活性化させたい。サッカーチームをつくってくれないか、と」。その話に乗った。サッカーで町おこし、おもしろいじゃないか。

それからは、怒涛の日々がはじまった。「昨年一二月の二五日に会社登記、内地と沖縄で選手のセレクションをやり、二月一日には練習をスタートさせました」。記者会見では、覚悟の気持ちを「沖縄に骨を埋めます」と言った。

そこまで、自分を追い詰めるようなことをして、高原さんは、どんなチームをつくりたかったのか。

Jリーグまで最短二年、遅くても六年

最大の狙いは、地域の活性化に役立つこと。そのためには、「数年後までにJまで持って行きたい」。Jにいないと、地域に対して影響力はない。地域の役にも立てない。じゃあ、Jに行けば、スタジアムに人は足を運んでくれるのか。そんな単純なものじゃない、と高原さんは言う。「いい試合をすればいいのか。それだけでもない。地域密着っていうけど、それは何なんだ」と自問自答してきた。大スポン

サーに支えられるプロ野球に比べて、Jはもともと地域密着の精神で生まれた。どのチームもその方針を掲げる。「県3部からやるのも、そこなんですよね。いきなりドーンと、内地から1部チームを引っ張ってきて、いいプレイを見せますよ、強いですよ、ではダメだと思ったんですね。しっかり県3部からやって、地元の人になじんで、サッカーだけじゃない、いろいろなつながりをつくって、いっしょに育っていかなくては」。

ワンステップずつステージを上がれば、最短六年。けれど、二年で上がる道もある。全日本社会人選手権の地域大会を勝ち抜いて、地域リーグ決勝大会に出場。二位以内に入れば、今年JFLに上がれる。そこを突破すれば、J3。三年目でJだ。「一〇連勝ぐらい必要なんですが、いまの力なら、決して夢ではない。裏で狙っているんですよ」。けれど、表は、じっくり六年かけて地元に根付くチームづくりを着々と進めている。矛盾しているようだが、高原さんの中では、二つはすんなり同居している。

自然栽培でセカンドキャリアづくり

高原さんは、中学二年生のときに食に目覚めた。日本代表アンダー15の選抜選手になって、栄養士の指導を受けた。一日三食、摂ったものを写真に撮り、栄養士に送った。毎日、細かい指導が返ってきた。ドイツのブンデスリーガに移籍して、オーガニック食品へのこだわりも生まれた。

「玉城さんのところは、無農薬、無化学肥料の自然栽培。安心、安全、からだにいい。障害者の人に教えてもらうのも、選手の刺激になっていいよね。基本的なことを学んだら、農地を借りて本格的に自然栽培に取り組みます」。自然栽培の作物を、当然、選手たちで食べる。その次は、試合のときに販売もしたい。「今日の試合会場でも、玉城さんたちは売ってましたよね。あれ見て、自分たちがとった野菜があやって、並んで売られてるの見るのは、おれは結構興奮しましたもん。うれしいっす」。

その経験は、選手のセカンドキャリアづくりにもつながる。プロの世界では、何百人もの選手が入ってきて、その分の選手がプロを離れて行く。引退後の生き場所をサッカー界に見つけるのは難しい。「プロになるような人は、サッカーしかやってこなかったんですよ。ほかにも働ける道を用意しておいてあげたい」ことも、高原さんの狙いだ。いや、プロになれた人は、まだいい。沖縄ＳＶは、すでにジュニアスクールをはじめているが、「いま、第一期生は中学一年生二九人がいますが、果たして、六年後、高校を卒業するとき、何人の子どもが、トップチームに上がれることか」。

栽培した野菜を試合で直売

サッカーで、農業も伝統工芸も取り込む

サッカーを通して、サッカー以外の世界を、子どものうちから経験させておきたい。「農作業は、子どもたちにもやらせたいですね。

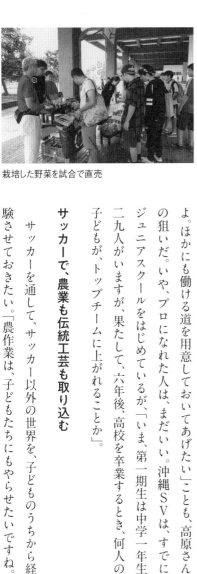

自分たちが食べるものを自分で育てる。障害者といっしょに働くことも、世界を広げます」。食育であり、職育にもなる。

「玉城さんたちと、いずれ食堂もやりたい。すべてをひっくるめて、農業なんですよね」

このようなフィールドの外の活動を支えるコーチ役ともいえる人がいる。去年、沖縄に移住してきた中村裕二さんだ。東京の大手広告代理店での経験を生かして、農業、伝統工芸などとのコラボを仕掛けている。「沖縄の伝統工芸でユニフォーム、キャップなどもつくりたくて…。沖縄文化を表現できるじゃないですか」と中村さんが言えば、「そのうち、伝統工芸家に転身する選手も出るかもしれませんよ」と高原さんは笑って応じた。

六年後には、沖縄SVは、Jに上がっていることだろう。そのとき、ジュニアスクルール第一期生は、高校を卒業して、J初戦のフィールドを駆け回っているだろう。いや、伝統工芸家を目指しているかもしれない。農作業を終えて、スタンドで応援しているかもしれない。自然栽培の野菜が売り物のシェフを夢見ているかもしれない。

サッカーのすそ野は、地域リーグではない。サッカーのサポーターでもない。地域で生きるすべての人たちだ。

(※1)沖縄SV
沖縄県うるま市を本拠地とするサッカーチーム。元日本代表の高原直泰さんが、選手・監督・クラブオーナーの一人三役をこなしている。二〇一九年現在、九州サッカーリーグで活動中。

（※2）県3部リーグ

日本のサッカーリーグの一つで、「都道府県リーグ」の一つのカテゴリーのこと。「都道府県リーグ」は、Jリーグ、日本フットボールリーグ（JFL）、地域リーグの下位に属するリーグ。

（※3）ソルファコミュニティ

沖縄県中頭郡で自然栽培による農業に取り組む就労継続支援A型事業所。『コトノネ』14号で紹介。

初出『コトノネ』19号（二〇一六年八月発行）。文中の内容、データは掲載時のものです。一部加筆修正しています。

試合を終えた後に農作業。すべてに先頭に立つ高原さん

農業生産法人 みどりの里
株式会社 ストレートアライブ
社会福祉法人 無門福祉会
美岳小屋

障害者、農業、カネ、すべての価値をひっくり返せ

みどりの里の農業には、
障害者福祉施設のA型もB型や生活介護の施設もいる。
新規就農者も参加している。
栽培も販売も六次化も、手伝い、分け合っている。
そこから、おカネだけでない、物々や労働交換による、
新しい資本主義の姿も見えてくる。
このすべてのメンバーが自然栽培パーティの会員であることが誇らしい。
これぞ、農福連携だ。

【持ちつ持たれつ、ごちゃまぜ農業】

なんと、一つの畑に、パーティ会員五軒が集まった

こりゃ、なんだ。農業生産法人みどりの里の畑は、お祭り騒ぎのような人のにぎわい。聞けば、大小まぜて五つの組織が繰り出している。それも、全員が自然栽培パーティの会員と言う。愛知県豊田市の盛り上がりは、すごい。

葉っぱ、茎、土に季節の香り

みどりの里の代表、野中慎吾さんは誇らしげに言った。「障害者福祉のA型事業所とものわを経営する株式会社ストレートアライブ、B型事業所と生活介護事業所を運営する社会福祉法人無門福祉会さん、それに、新規就農者のお二人、林剛さんと遠藤翼さんが協力してくれています」。とものわは、障害者三人と職員でカブの間引き作業。みどりの里では、カブを二粒ずつ撒いて、できの悪い方を間引いて、間引き菜として販売する。「この作業については、みどりの里からはA型だけど時給を払わない。その代わりに収穫物を持って帰ってもらう」。とものわは販売も得意。おカネより現物でもらう方が実入りはいい。

みどりの里では、作業代をおカネで払ったり、作物で渡したり、さまざまな商いが採用されている。詳しいことは後ほど説明しよう。B型の無門は、トンネルの片付け作業。「無門さんの利用者は全部抜いてしまったりして、間引きができない人が多いから」。A型とB型のすみ分けができている。林さんや遠藤さんは、カブ下の草を抜いたり、レタスの育ち具合のチェックを担当。「一つの畑で全員そろうことはめったにない。これは、取材へのサービスですね」。ガアハッハと、野中さんの雷のような笑い声がさく裂した。

みどりの里にはさまざまな生き方がある

「そうそう、もう一人新人がいた。昨日から来たんだけれど。いつやめるかわからないが」と言って、野中さんはまたもガッハッハ。その人は、見習い生の磯谷卓身さん。

磯谷さんは二二歳のときに脳腫瘍を患い手術。体のバランスを崩しやすい後遺症が残った。六時間働くと体力の限界。そんな不安な日常からうつ病を発症。障害者手帳も持っている。「履歴書に病歴を書けば、なかなか企業は受け入れてくれない。農業は嫌いじゃないから、試しにやってみようか」ぐらいの気持ちでやってきた。「それぐらいの軽い気持ちでいいのよ。うちは、明日来れなくてもいいの。農業がおもしろくなってきたら、B型の無門さんの仲間になって続けたらいいし、体力に自信ができてきたら、最低賃金が保障されるA型のとものわさんに移ってもいい。次は、職員にもステップアップもできる。いっそ、林さんや遠藤さんのように農家としてぼくらの仲間になってくれたらうれしい」(野中さん)。こうでなければいけない、との決めつけはない。信念があるのか、と試されることもない。

どうして、企業は、経験のない若者に信念を求めるのか。なんだか、刑事が自白を強要するみたいに。「とりあえず、草取りでもしながら、自問自答すればいい。彼は、まず、六時間の作業がもつような体力づくりが未知の領域なんだから」と野中さん。自分のペースで歩き出せばいい。どんな道もみどりの里にはある。

さまざまな立場の人が集まって農作業

〈新規就農者・林剛さん〉

消防士をやめておじいさんの畑を継いだ

みどりの里の隣町で林さんは育った。おじいさんが長野県から移住してきて農場を開拓した。開拓者の誇りをもって生きる集落の人たちも、みんな高齢になった。後継ぎはいない。二年前に林さんは、消防士をやめ、おじいさんの農業を継いだ。「おじいさん以外、家族はみんな反対でした」。そりゃ、そうだ。

林さんは、小学生のときは、大阪で暮らしていて、阪神・淡路大震災にあった。「オレンジ色の服を着た人が動き回る姿を見て、かっこいいなぁ、こんな仕事がしたい」との思いを持ち続けて、消防士になった。なのに、二年前に決心した。「自分の育った町に活気がなくなっていくのがさびしかったんです」。農家がいなくなると、人のつながりも薄れる。「農家の人は、道を通る人にもあいさつするんです、顔を見かければ。その畑に人がいなくなる」。さびしいなぁ、農業をしようかな、でも、農業では食えないし、と思っているときに、野中さんと出会った。

野中さんは食える農業を教えてくれたのか。「いや、野中さんには一度貯金をゼロにするぐらいの覚悟で来ないと見えんぞって言われた」。二年経って、ほんとうに貯金がゼロになった、と林さんは笑った。でも、利益だけを求めると、人間らしさがでない農業になる、と言う。「去年、自然栽培で落花生もつくって、お客さんもついた。利益が少しは残っているので、なんとか生活していく分には」と、また笑った。野中さんのように、困ったとき、追い詰められたときに笑うくせがつくのも、もうすぐかもしれない。

百姓の春は、毎年一年生

二年前の冬から、みどりの里に通うようになった。朝六時半に朝礼。その日の作業を確認して、それぞれの作業場に向かう。ストレートアライブの障害者やみどりの里の社員と合流することもあるが、野中さんとはいっしょになることはほとんどない。栽培していて疑問に思ったことは、後で野中さんに聞いて、アドバイスをもらう。「でも、いちばん大切なのは、植物から学ぶことですね」。植物は日々違う。同じ気温でも湿度でも違う。同じ日はない。去年のイチゴと今年のイチゴも違う。「農家は、毎年一年生だって」野中さんにも言われている。

野中さんの畑で学びながら、おじいさんの畑を、家族四人で栽培している。奥さん、お姉さん、そして八〇歳を超えたおじいさんも現役だ。すべて自然栽培に切り替えた。今年は、地域の人の畑を二カ所借りた。初めての畑で農作業していたら、よく声をかけられる。「消防士をやっていたことを知っている人からは、何をしてるの、農業なんか、稼げないのに、と言われます。でも、見とってくださいって返事すると、うれしそうな顔をされます。また見に来るわと言いながら、ちょくちょく来てくれます」。

今年はイチゴのハウスも建てる。早く、ストレートアライブさんに卸したい。栽培ができれば、販売も安定する。みどりの里の仲間として、両輪に加わりたい、と林さんは家族で精を出す。

〈新規就農者・遠藤翼さん〉

「助けて、野中さん」「なんとかして、磯部さん」

遠藤さんは、大学の理学部を卒業して、有名企業に就職して、営業につく。きつくて「毎日血尿を出す」まで働いて、疑問を抱いて退職、ニュージーランドにでかけ一年間ほどブラブラして、日本に戻ってきて、また親の縁で就職して。そんな生き方を二〇歳までしていた。あるとき、種子の実態を知り、自分も含めて、世の中のほとんどの人が食や社会の在り方を考えていないと気づき、自然栽培の農業に目覚め、先輩を頼って愛知県知多半島でいっしょに自然栽培をはじめたが、自分なりのスタイルで挑戦しようと決意するも先立つものもなく、野中さんの縁を頼って、「助けて」と豊田にやってきた。住むところもない、畑も農機具もない。野中さんから、無門の磯部さんを紹介してもらい、「なんとかして」と頼み込んだ。

住居は、みどりの里の寮の一室をあてがってもらい、無門の職員にしてもらって、やっと生きる目途が立った。いまは、無門の畑で障害者といっしょに農作業をしながら、ときにみどりの里を手伝い、無門の畑の一部を遠藤さんが責任者として栽培している。一年前にホームレス寸前だった青年が、自信満々、新しい農業スタイルをつくろうとしている。

お花畑のような野菜畑一反で収入二〇〇万円

花畑のような色とりどりの野菜畑だった。「どうぞ、菜の花を」と差し出されて食べたら、おいしかった。ワサビのように舌に心地よい刺激があった。白菜の菜の花だという。菜の花は、大根、かぶ、キャベツなどにもある。菜の花と言う野菜があると思っていたけれど、知らなかった、恥ずかしい。三種の菜の花の詰め合わせを売り出すらしい。そりゃ、きっと売れる。

わずか、一反の畑で、どうして食べていくか、研究した。品目を絞る。回転をよくして、栽培に時間のかからない野菜を育てる。量を求めず、品種を増やす。ラディッシュも六種類植える。彩りもきれいなセットにして売る。「ひと畝に、二、三種だって植える。この畝にも、緑のケール、紫のケールがあって、ニンニクもある」（遠藤さん）。一反の畑に、いつも三〇種ほどの野菜が植わっている。なるほど、お花畑のような畑に見えるはずだ。

何もしない人がいても、誰も気にしない

「ちょっと大きめの家庭菜園、小作農ですが、十分生きていけます」。結局、昨年は四〇〇万円の年収を得た。「無門さんの勤めは、今月（三月）やめます」。五カ年事業計画を立てて、五年目は目標年収八五〇万円。一年で、新規就農者の自信が生まれた。新規就農者の助成金一五〇万円ももらわずに。

〈A型事業所・ストレートアライブ〉

みどりの里仲間の販売はまかせて

「とものわさんにみどりの里の販売のすべて委ねました」と、野中さんは言った。とものわは、みどりの里の畑で、農作業を手伝うだけではない。もう一つ、とものわならではの大きな役割は、みどりの里とその仲間の作物の販売を一手に担うことだ。

ストレートアライブは、五年前に名古屋市・金山で創業した。二年前に豊田市にA型事業所とものわを設立。精神障害者を雇用して、農業との親和性が高いと判断、二カ所で自然栽培に取り組んでいる。「金山で一町五反、豊田では一町。うちはガチで栽培しています」(近藤さん)。みどりの里以外に、施設外就農にも積極的に取り組んでいる。さらに強みは販売力。みどりの里で収穫する野菜や果樹の九割は、とものわが買い取って販売している。「自分で販売するのは一割ぐらい。個人相手で手間がかかる分だけ」(野中さん)。

栽培は、みどりの里、林さん、遠藤さんなどの農家、そして無門など全員でかかるが、販売は極力とものわにまとめる。ついでに言えば、加工は、無門に期待されている。それぞれの強みを考えた戦略だ。

売ってくれるから安心して栽培に挑戦

とものわの代表・近藤真人さんは頼もしい。お客さんのニーズを教えてくれる。新しい野菜に挑戦するときは、「全部買い取りますって言ってくれるんです。そういう人っていないですよ。それで、意地でも売ってきてくれます」と野中さん。高い信頼だ。「いやあ、ギャンブルです。でも、うちが売りに徹して、みんなが栽培してくれたら、量が確保できる。量があれば、大手に卸せる」と近藤さん。「いっしょにやって何がよかったかって、量がつくれ、販売が安定して広がることだ」と、二人は口をそろえて言う。

一年かけて、いまの連携ができてきた。とものわは、宅配、生協、自前の産直型売り場「ワクワク広場」をメインに販売。「量があって切らさないって、野中さんに約束してもらっているので、僕も大口顧客にも売り込みに行ける。季節に合わせた野菜を何品目でも出せますと、自信をもって言い切れるのです」（近藤さん）。自然栽培のブースごと任される店も増えてきた。需要に供給が追い付かないほどだ。

栽培と販売は二人三脚。野中さんが、栽培を広げる。新規就農者を育てる。「農家が育ったら、手を組まなければライバルになる。安値競争に追い込まれて潰しあいになる。そうならないように、近藤さんのところに共同出荷して、苗もいっしょにつくっていっしょに育っていこうと思っている」。自立した農家の共同体が生まれつつある。障害者の仕事も広がり、ほんとうの農福連携のモデルケースが生まれそうだ。

栽培も分業を進めている。「ぼくのところは砂地が多いもんで、豆系とかは結構いいけど、粘土圃場が多い無門さんのところは冬野菜、白菜がいい」と野中さんは言う。グループで競業より協業。協業仲間を、障害者福祉や新規就農者や高齢者にも増やしていく。

初出『コトノネ』26号（二〇一八年五月発行）。文中の内容、データは掲載時のものです。一部加筆修正しています。

社会福祉法人 つばさの会 障害者支援施設つばさ

発酵する福祉

中能登はうれしや、農業と発酵の里。
自然栽培でコメや野菜を育てて、どぶろくやかぶら寿司にする。
町の衆が総出で取り組む町おこし。
社会福祉法人つばさの会「障害者支援施設つばさ」も、
障害者を先頭に立ててしゃしゃり出る。呼ばれなくても押しかける。
障害者を施設に閉じ込めておくだけの福祉は終わった。
町の人とからみ、混じり合い、発酵する福祉を見てほしい。

町のためなら、福祉だって逸脱する

低い山並みばかりが続く。金沢から一時間すぎて、ふっと高速道路から脇道に入る。木々の間を抜けると、平屋の民家がポツンポツンと現れる。標識も看板も目につかない。気づかない間に、取材地の中能登に入っていた。

中能登町は人口一万八〇〇〇人。中能登町以外の能登半島にある八市町は消滅可能性都市に挙げられたが、「ここは、生産年齢人口も減っていない。女性の転入が多い」と、中能登町役場の駒井秀士さんは胸を張った。子育ての施策が充実している。子どもが生まれると一人目一〇万円、二人目、三人目と一〇万円ずつ増えて、五人目以降は五〇万円の祝い金が出る。

町おこしの手法もおもしろい。驚くなかれ、「障害攻略課」という部署を立ち上げた。ゲーム感覚で「障害」を観光に取り込むたくましさ。詳しくは、本号(コトノネ28号)で特集したので、そちらを読んでいただきたい。

どぶろくの仕込みの相談。左から、禰宜の船木さん、農家の松田さん、つばさの今井さん

町はどぶろく特区に指定され、どぶろく、味噌など、発酵文化の伝統の復興に力を入れている。それらの活動のすべてに参加しているのが、地元の社会福祉法人つばさの会「障害者支援施設つばさ」だ。二〇〇四年設立以来、農業を手掛けてきた。三年前から自然栽培に切り替える。発酵食品は農業からはじまる。町の施策とつばさの強みは一つになった。つばさの活動は町おこしそのものだ。

つばさは、四年前(二〇一四年)に、道の駅にカフェを出した。出店に名乗りでたとき、関係者から怪訝な目で見られた。「障害者福祉が、なぜ、また?」。いまも、そんな意識から抜けられない人もいる。福祉施設は毎日障害者をお迎えし、無事に家庭にお返しするのが本務とするという考え。つばさの農業班の責任者三浦克欣さんは言う。「障害者も町で生きる住民の一人、町がさびれると、福祉も衰退する。町を元気にする福祉にしたい」。障害者を支援する福祉から、地域を支援する福祉へ。福祉から逸脱することこそ、町民みんなのための福祉なんだ。

どぶろくづくりは、神主さんと組んで

中能登は、四年前に「どぶろく特区」に認定された。農家民宿や農家レストランなら、どぶろくの製造販売ができる。神社でも全国で三〇カ所ほどが製造を許され、中能登では三神社でつくられている。「中能登どぶろく研究会」も発足し、その副会長を務めるのが、能登國二ノ宮天日陰比め神社（二宮神社）の禰宜（ねぎ）、船木清崇さんだ。ちなみに、二宮神社には、奈良県大神神社のお酒の神様が奉られている。お酒との結びつきが深い。

船木さん自ら、どぶろくを仕込む。酒米はつばさと地元の自然栽培農家三軒が持ち込んだ新米。「どぶろく研究会では、農薬、化学肥料を使わないことを基本にしています」。参拝者へのお神酒に供される酒だけに、清らかさが求められるのか。「ゆくゆくは、自然栽培米だけにしたい。酵母も町独自のものを開発中です」。取材したのは一〇月初旬。もうすぐ、境内の蔵で、どぶろくづくりがはじまる。

「米がいいから、純白のどぶろくです。一四日ぐらいかけて、お米の味からお酒になって、どぶろく

になります」。味見が楽しい。では、晩酌にも?「おかげさまで、どぶろくが評判を呼び、年始の参拝者も増えました。とてもわたしの晩酌まではまわりません。味見も慎重にしなくては足りなくなるぐらい」と船木さんは苦笑い。毎年一二月第三土曜に「どぶろく感謝祭」が開催される。今年は一五日。年々、参加者が増えてもてなしが大変になる。つばさの農業担当の今井宏晃さんは威勢よく大声を上げた。「祭りのことは任せてください。つばさのメンバーがはせ参じます」。

神主さんが仕込んだどぶろくで、ありがたさも二倍。行く年、来る年をお祝いください。

新規就農者と助け合って、分け合って

神社のお隣の田んぼの米も、お神酒になる。つばさと松田泰一さん家族が共同で栽培している。松田さんは、三年前に中能登に移住した新規就農者。京都で繁盛していた焼肉店を閉じ、奥さんの淳子さんの故郷にUターンした。

淳子さんは、ひどいアトピーだった。扱っている食材が気になって調べると、肉には抗生物質が含まれていた。「有機栽培の野菜ならいいと思ったが、肥料の与えすぎも体によくないことがわかった」。自然栽培の食品に変えたら、一年でアレルギーが治まった。いまは、

新規就農者の松田さん夫婦

三年経って、まったくと言っていいほど出ない。いのちを守るには、自然栽培しかない、と腹を決めた。農業にも、自然栽培にもなんの経験もなかったのに飛び込んだ。「一〇万円でトラクター一台買って、とりあえず米をつくろう、と」。無茶と言えば無茶。勇気があるといえばあると言える。しかし、見境がなくなるほど追い詰められていたのかもしれない。

田んぼは役場の人に紹介してもらった。長い間、放置されてきた田んぼ。機械が入りにくい形。イノシシも来る。でも、「水がよかった。山を背にして、山から湧き出る水がそのまま田んぼを満たす」。農薬も飛んでこない。自然栽培には最適だった。「一年目からうまいことできた。五反栽培。一反八俵の出来」。慣行農法の出来高だ。「多分、地力があったんです。耕作放棄地だったから」。

三年目で売上一〇〇〇万円達成。立派な農家だ。自然栽培の米は慣行農法の二倍以上の値が付くが、それでも農業の利益は薄い。米を天然の麹菌で甘酒にして、ソフトクリーム用として販売している。そのうち、自前で麹菌づくりから手掛けるという。

栽培は、松田さんとつばさが手を組んでいる。「連携というより、一体という方が近い」とつばさの三浦さんが説明してくれた。つばさと松田さんが栽培する田んぼは二カ所。井田と二宮。井田で収穫した分はつばさ、二宮の分は松田さん。「松田さんが、お金を全然気にしないもんだから、まあ、いいか」。やっていけなきゃあ、そのときはそのとき。

自然栽培農家には繁忙期に駆けつけて

取材した日に、「結の手」というグループが立ち上がった。ホームページの説明では、「自然栽培＋アーユルヴェーダ＋ヨガ＋医学を軸に 自然とのつながりを結びなおすプロジェクト」。たぶん、生き方を見つめ、からだのなかから健康にしていこうという活動だろう。二組の夫婦、小島哲也・ゆき夫妻、三林寛・のりこ夫妻が取り組んでいる。小島さんは、今年の春に勤めを辞め、自然栽培専業農家になった。三林さんは医師を続けながら参加している。

この「結の手」の稲刈りの手伝いに、つばさの面々がやってきた。代表の小島さんが、バインダーで稲を刈り、束ねる。つばさの利用者たちは、はざかけ仕事。稲の束を一つひとつはざかけに運んでかける。あちらこちらで、話がはずむ。これだけの作業に、一五人を超える人がいる。つばさのメンバーも一〇人近い。「いつもは、職員一人が付いて、利用者が六人ぐらい。七人がセットです。でも、もっと少なくても、何人でも、工賃は決まっています。最低賃金×時間×三人分との取り決めです」と今井さん。人数分の工賃を求めれば、とても仕事の口はない。派遣できる人数はその日にならなければわからない。お互い、損得勘定をしていては成り立たないので、いまのルールが生まれた。

人手も農機具も使って。福祉のものは地域のもの

もともと、一四年ほど前つばさで農業をはじめたときも、損得勘定なんかなかった。「耕作放棄地が増えたよ、農家も高齢になったからね。景観もよくないよね」と施設での世間話からだった。能登四市五町で、「能登の里山里海」として世界農業遺産への登録にも動いていた。「だったら、余計まずいじゃないか」ということで、手放された畑や田んぼを譲り受けてはじまった農業だった。農業は続けたいけれど、農作業が負担になった高齢者の手伝いにも出かける。いまは、大規模農家からも収穫時期に声がかかる。

農業は、農薬や肥料など使わなくても、経費がかかる。農機具の費用も大きい。新規就農者や小規模農家はまかなえない。つばさでは、米の乾燥機や脱穀機も備えたミニライスセンターをつくった。農機具も貸し出す。「農作業で疲れたら休憩所にも利用してもらいたい。人が自然につながっていければいい」と三浦さん。建設費には交付金一〇〇〇万円をあてた。つばさが、町の農家を支え、つなぐ役割を担っている。

旧丹後邸を発酵と観光拠点に

取材していて、福祉施設がうらやましくなる時がある。新しい事業をはじめるときに、行政から補

助金が出たり、支援者から寄付金の援助も受けられる。B型事業所や生活介護の障害者ならば、極端に言えば工賃の額もしばりはない。中小企業の経営者からも、そんな声を聞くこともある。「そこが福祉の甘さになるんじゃないか。世間の人から見れば気楽なものだな、と…」。三浦さんは悩む。でも、考えてみればそれが強みだともいえるのではないか。金にしばられないから、新規就農者に手を貸すことができる。自分のことだけでなく、地域の利益を考えてチャレンジすることができる。いわば利他的であり、「利地的」活動だ。「どぶろくづくりの研究もしたい。どぶろくでパンやまんじゅうもつくりたい。かぶら寿司づくりで盛り上げたい」と、農業担当の今井さんが言うように夢もふくらむ。福祉のお金が町の中を循環して、町の名物をつくってくれる。

発酵文化と観光拠点として、町は旧丹後邸を用意した。中能登は能登上布という麻の織物で栄えた町。いまは、合成繊維やポリエステルの産地となった。旧丹後邸は、繊維で財をなした富豪から譲り受けた。離れは学生や移住希望者を呼び込むための宿泊所となる。二つある蔵の一つは、発酵食品の研究所になることが決まっている。味噌づくりの研究、観光客には味噌づくり体験してもらう。

つばさも、ともに活動する仲間とともに、この蔵で研究し、情報を交換し、町の新しい特産品を生みだす。いままでの障害者福祉の枠を自然に超えて、障害者と意識しなくていい町に育てていく。

つばさは「障害攻略」の土を耕しているのだ。

初出『コトノネ』28号(二〇一八年一一月発行)。文中の内容、データは掲載時のものです。一部加筆修正しています。

社会福祉法人 ゆずりは会
福祉法人無門福祉会

自然栽培パーティの田んぼに、カシオもトヨタもやってきた

群馬・前橋市ではカシオ計算機の社員とその家族が田植えのボランティアにやってきた。

愛知・豊田市ではトヨタ自動車の人たちが、雑草取りに励む。

日本を代表するグローバル企業が、なぜ支援するのか。

田植えから、いまの社会や企業の課題、そして障害者福祉の役割が見えてくる。

ようこそ、カシオのみなさん

晴れてよかった。榛名山もはっきり見える。梅雨まっただ中の六月中旬、群馬県・前橋市の社会福祉法人ゆずりは会「菜の花」で、自然栽培パーティの田植えがはじまった。田んぼには、カシオのロゴマーク入りのぼりがはためく。あぜ道には、自然栽培パーティのユニフォームTシャツ姿で、五〇人

以上が並んだ。Tシャツの肩にはCASIOのロゴマーク。東京から駆けつけた、カシオの社員ボランティアの人たちだった。

今日の田植えは、いわば、カシオと自然栽培パーティの共同田植え式。カシオの執行役員・小林誠さん（CSR推進部長）の仕切りで、「ゆずりは会」の理事長・関根嘉明さんが歓迎のあいさつをした。「田んぼの水は、榛名山の沢から一〇数キロかけて流れてきました。六〇年前には川には、ドジョウもサワガニもウナギも鯉もいました。川は日本を映す鏡です。高度成長で農薬が盛んに使われて、すっかり姿を消しました。低毒性の農薬に切り替えられて、いままた、ドジョウ、サワガニが戻ってきました。これからは、自然栽培を広げて、昔のような自然に戻したいと思っています」。締めのことばにかかったとき、突然、後ろで大きな声が上がった。男の子が、田んぼに飛び込んでいた。すでに、からだは泥だらけ。すべる。寝転ぶ。ひっくり返る。からだは、やっと、目の見分けがつくほど。結局、男の子は、みんなが田植えを終えるまで、二時間ほど泥に浸かりっぱなしだった。

グラビアページ（10・11ページ）の男の子は、こんな顔

持続可能な社会と企業

カシオのボランティア社員と「菜の花」の障害者と

職員、みんなで一列になって苗を植える。指導役の障害者が、真っ先に泥に足を取られてひっくり返った。いいぞ、いいぞ、と笑いが起こる。

今年から、カシオは、自然栽培パーティの活動に共鳴して、「一反パートナー」として、支援することになった。「一反パートナー」は、ワンシーズン一反分のコメの栽培を、収穫量にかかわらず、一反五五万円で買い取る。それだけでなく、社員やその家族も農作業を手伝いたいとの申し出で、田植え作業になった。また、夏には雑草取り、秋には稲刈りにも参加するという。

支援の狙いを、小林さんは言う。「障害者が働いて、休耕地を田畑に戻す。しかも自然栽培で。これは、障害者の収入向上、地域社会の問題解決、安全な食材提供を同時に満たします。自然栽培パーティの社会的意義に共感しました」。小林さんを補佐する木村則昭さん（CSR室推進室長）は、「カシオとしては、『SDGs[※1]目標8の達成（働きがいと経済成長）』、『社員参加型ボランティアの提供』の両面の目的を満たします」と言う。カシオの持続可能な経営は、持続可能な社会づくりがベースになる、と言うことだろう。「会社で田植えを呼び掛けるのもはじめて。障害者といっしょに作業するのもはじめて。みんなの反応はどうかな、と思っていましたが、ボランティアを募集してすぐ定員が集まりました」。

身近にいた障害者、難病の人

カシオ労連中央執行委員長の森潤二さんの顔もあった。森さんはギラン・バレー症候群[※2]を七年ほど前に発症した。呼吸不全を起こすこともある難病。一時は、首から下がまったく動かない状態だったが、幸いにして、一年ほどで職場復帰ができた。「同じ社員仲間でも今日初めて会う人もいます。それがこうして自然の中で同じ作業をするのは意義のあること」とうれしそう。木村さんは、「泥んこまみれの子ども、思わず顔がほころぶ大人、この光景を見られただけでも、やってよかった」と受ける。まずまずの手ごたえを掴んだようだった。

ちょっと早めに田植えの列から抜けた人に声をかけると、その人は高次脳機能障害者だった。以前の会社で脳梗塞を患い、術後後遺症が残った。勤めづらくなって、一年前に転職した。「いまでも、満員電車では疲れて息苦しくなって乗っていられません。遅刻になったりして迷惑をかけるのですが、なんとかやっています」。うれしいことに、コトノネの読者にも出会った。「会社の行事に参加したのは、はじめて。ただ楽しむのじゃなく、障害者といっしょに作業するというのに魅かれて」。従妹がダウン症で、もともと障害者には関心があったという。

障害者の指導で田植え。滑って転んで泥まみれも続出

カシオが支援した二反強の田んぼの一反分ほどの植え付けを終えて、無事、田植えは終わった。実ったコメは、カシオの社員食堂で供されるのか、今回ボランティアの方の食卓に上るのか。コメと

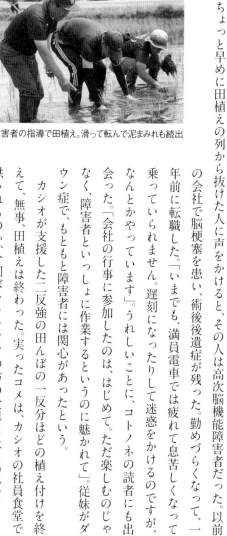

いっしょに障害者の働きが話題になれば、すばらしい。

「就労支援」と「高工賃」

「ゆずりは会」では、五つの施設で農業を進めている。いままでは、地元の農家に合わせて農薬も肥料も使う慣行農法一筋でやってきた。自然栽培パーティに参加して、コメを自然栽培するのは二年目。今年は、カシオが支援する二反強の田んぼを含め、約一町一反で自然栽培米をやる。「収穫量が心配で、一気に自然栽培にする勇気はない」。自然栽培に取り組むには、「一反パートナー」で買い取ってもらえるのは助かると、関根さんは言う。

「ゆずりは会」にとって、工賃向上が絶対的な使命。理念は、ずばり、「就労支援と高工賃」。思いやりや気配りなど、抽象的な概念や理屈はいらない。障害者が高い工賃を得られるように、働くことを支援することこそ、障害者の就労支援。「菜の花」施設長・小淵久徳さんは言う。「この理念は、わたしが読み取るのと職員が読み取るのに違いがない」。だから、逃げられない。「もちろん生活支援も重要。その上で、働くことを提供して、彼らの自立を支援しよう」と、小淵さんはスタッフを教育している。

「菜の花」は、いま開所四年目。就労移行支援とB型事業を運営している。利用者の工賃は、初年度は二万六六〇〇円。二年目が二万七〇三三円。昨年三年目が三万二四〇〇円。今年度は、目標三万八〇〇〇円。B型作業所の全国平均工賃は一万四〇〇〇円程度。「それに比べればB型を抜け出している。でも、まだ理念までは遠い」（小淵さん）。売上や利益を上げて、利用者の工賃をアップさせ、成果を出しても職員の給与には反映しない。職員のモチベーションは、どこにあるのか、と問うと、滑らかだった小淵さんの口が止まった。しばらくして言った。「難しいですね。利用者が、昨日までできなかったことを、今日できた。それを目の前で見ることですかね」。

五万円の壁は機械化で超える

五万円を超えたい。その壁は、職員の意欲だけではできない。それは、仕事の仕組みにあるという。「昨年までは、玉ねぎの出荷に当たって、利用者が大きさの選別をしていました。大きさの違う穴を通しながら、一つ一つ。昨年から機械を導入したんです。一日の出荷量が二倍以上、一・五トンを超えるまでになったんですよ」。でも、機械化は、玉ねぎの選別しかできない障害者の仕事を奪うことにつながらないのか。「一つのことしかできない人はいないですね。手で等級を選別するって高い能力です。それができれば、いくらでも生かせる仕事はあります」。枝豆の選別も機械化した。枝豆はA品、B品、売り物にならないC品の三種に仕分けする。いままでは、一人でやっていた。去年からベルトコンベアを導入して、利用者を三、四人配置して、それぞれB品、C品と抜き出す担当を決めた。「すると、利用者だけで仕事が動き始める」。この機械化の仕組みづくりで、農業売上は、一・七倍になった。

「菜の花もいずれA型にするから覚悟しておけって」と、関根さんから、ことあるごとに言われている。関根さんには、「A型なら、障害者を雇用できる。雇用しないのは人権侵害ではないか」との深い思いがある。

二〇〇軒の地元農家の支援

地元には、二〇〇軒の農家がある。六〇歳以下は三人だけ。残りの農家はいずれ離農するだろう。いまも、家族だけで農業を維持できない。三〇〇万円に満たない年収では、農機具が壊れても買い替えられない。修理もままならない。作付けができても、収穫のときに手が足りない。腰を痛めて動けないときもある。「ゆずりは会」は、そんな地元農家を支える障害者施設を目指している。

菜の花の開所と同時に、ライスセンターをつくった。約五～六反分約四〇俵が一度に乾燥できる乾燥機三台、その他一反に満たない量を受けられる機械が三台。中古の機械を安く買い受け、地元農家の矢島勇さんに移設・据え付けをしてもらった。矢島さんは、「菜の花」の心強い助っ人だ。農業技術だけでなく、機械修理もなんでもできる。「菜の花」だけでなく、地元の農家の「よろず相談役」でもある。

ライスセンターには、農家からコメの乾燥が持ち込まれる。いままでは、ＪＡに出していた。ＪＡでは、さまざまな農家のコメもいっしょに乾燥機にかかる。戻ってきたコメは、どこの誰が栽培したコメかわからない。「菜の花」なら、よそのコメが混じる心配がない。「三五年ぶりに自分の育てたコメを食った。うまかったね」。そりゃあね、自分で育てたコメは、まずくてもうまい、と矢島さんがまぜっかえした。「菜の花」では苗も育てている。苗床は、一反で二〇枚以上、二反で五〇枚が必要。いままでは、ＪＡまで片道三〇分以上をかけて買いに行っていた。軽トラックで二往復すると、八〇歳過ぎの人には骨が折れる。

農家から声がかかれば、収穫にも作付けにも行く。「手はいくらでもありますから」と小淵さんは笑う。玉ねぎの収穫のとき、玉ねぎ一本ずつ、生えている葉っぱを切る。一反で玉ねぎ二万五〇〇〇本ほど。二反もあれば五万本。手間がかかって収穫時期を逃してしまうことがある。「老夫婦だけの農家ではとてもじゃないが、やりきれない。うちに任してくれることも増えます」。日当がわりに作物をもらってくることもある。それも、「菜の花」に気軽に頼める理由になっている。

自然栽培パーティの畑では、高々と旗を掲げる

六月には、近隣の小学校、保育園の児童も招いての田植えも開く。「ゆずりは会」は、地元の農業を支える農業法人になることを通じて、地域コミュニティの核になりつつある。

愛知では、トヨタが参加

同じ頃、『コトノネ』16号の「自然栽培パーティ」シリーズ二回目に登場した社会福祉法人無門福祉会の豊田市の田んぼでは、トヨタ自動車株式会社のボランティアが活躍していた。毎週土曜日、四〇人の登録者の中で、都合のついた人がやってくる。地域へのボランティア参加を進めるのは社会貢献推進部の担当部長・大洞和彦さんは言う。

「さまざまな経験を積んだ社員が地域の担い手になってもらいたいと考えました。そのためには、普段から地域課題に接し、地域の人と交流しておかなくては、受け入れていただけない」。障害者といっしょに農作業をすることで、自然と障害者の雇用状況や自立の厳しさや、耕作放棄地が増えていることにも気づく。「積極的に地域とかかわりを続けることで、退社してから、北海道で地域づくりに携わったり、勤めは続けながら仲間と人工林の間伐をはじめたり、耕作放棄地を農園に再生して地域との交流を図ったりするような社員が現れてきました」。ゆっくりだが、「地域を担う」気概を持った社員が増えている。

「トヨタは二〇一一年に『トヨタグローバルビジョン』を策定しました。このビジョンでは、お客様の期待を超える『もっといいクルマ』づくりだけではなく、『いい町・いい社会』づくりに貢献することで、お客様の笑顔をいただき、社会とともに持続的な成長を目指しています」。

地域社会があってこそのグローバル企業であることを、カシオとトヨタの社会貢献活動が教えてくれる。

（※1）SDGs

「持続可能な開発目標」（Sustainable Development Goals）の略。二〇一五年の九月二五日から二七日、ニューヨーク国連本部で行われた「国連持続可能な開発サミット」で「我々の世界を変革する：持続可能な開発のための2030アジェンダ」が採択された。その中で一七の目標項目が示されている。目標8は、貧困問題に焦点をあて、雇用増進をかかげた項目。

（※2）ギラン・バレー症候群

（Guillain-Barré syndrome）急性・多発性の根神経炎の一つ。主に筋肉を動かす運動神経が障害され、四肢に力が入らなくなる病気。重症の場合、中枢神経障害性の呼吸不全を起こし、場合によっては気管切開や人工呼吸器の治療がいる。医療給付（難病医療費助成制度）の対象外。

初出『コトノネ』23号（二〇一七年八月発行）。文中の内容、データは掲載時のものです。一部加筆修正しています。

【菜の花のその後】

機械化の効果もあって、玉ねぎの一日出荷量はほぼ二トンに増大。農業売上は、初年度と比べて二〇一八年度は二・四倍。菜の花の絶対的使命である高工賃も、二〇一八年度は目標であった三万八千円を達成。

V章

農福連携座談会

たのしくなければ、農業じゃない

吉田 行郷（よしだ ゆきさと）

農林水産政策研究所 企画広報室長

一九六二年東京都生まれ。農学博士（二〇一五年、筑波大学）、一九八五年東京大学農学部農業経済学科卒業後、農林水産省に入省。食糧庁企画課、経済企画庁（出向）、国際部国際協力課、大臣官房調査課、JETROロンドンセンター駐在（出向）、大臣官房企画室、総合食料局食糧貿易課等勤務を経て、二〇〇五年より農林水産政策研究所勤務。政策研究調整官、総括上席研究官（農業・農村領域）を経て、二〇一六年より現職。二〇一七年 日本フードシステム学会 学術賞受賞、著書に『日本の麦 拡大する市場の徹底分析』（二〇一七年六月、農山漁村文化協会刊）など

（里見）農福連携の調査や講演に全国を飛び回る吉田さん。すごいのは、これだけ知られている人なのに、悪口を聞かない。心底うらやましい。

（磯部）あらゆることへの探求心がすごい。個人的には小麦グルメ情報がうれしい。吉田さんの食レポはかなり信頼できる。今度はグルメ本を出してほしい。

（杉田）わからないことがあっても大丈夫。質問したら何でも答えてくれる。農福のドラえもんって感じです。素敵な方です。

里見 喜久夫（さとみ きくお）

季刊『コトノネ』編集長

一般社団法人農福連携自然栽培パーティ全国協議会（略称：自然栽培パーティ）副理事長、NPO法人就労継続支援A型事業所全国協議会（略称：全Aネット）監事など

一九四八年大阪府生まれ。一九九一年、株式会社ランドマークを設立。二〇一二年、季刊『コトノネ』創刊。二〇〇八年にドイツW杯を記念して、選手のいない写真集『'06 GERMANY』を出版。主著に、絵本では『ボクは、なんにもならない』（二〇〇八年、美術出版社）、『ボクも、川になって』（二〇一〇年、ダイヤモンド社）、『もんばんアリと、月』（二〇一二年、長崎出版）。単著『いっしょが、たのしい』（二〇一八年、コトノネ生活）。

（吉田）一家に一人欲しいご意見番。重たいテーマを軽やかに関西弁で語らせたら右に出る人はいないと思ってます。

（磯部）世の中のことを教えてくれる人生の大先輩。魅力的なところは数知れず。素の自分を見せてくれるところ、ファッションセンス。そしておカネへの嗅覚（笑）。

（杉田）頼りがいがあって、厳しさもあって、頑固な一面もあって…人生のお父さんです。

磯部 竜太（いそべ りゅうた）

社会福祉法人無門福祉会　事務局長
一般社団法人農福連携自然栽培パーティ全国協議会（略称：自然栽培パーティ）理事長
一九七六年愛知県生まれ。大学卒業後、青果物の営業職を経て、二〇〇二年に社会福祉法人無門福祉会に入職。二〇一五年より、自然栽培パーティの取り組みに参加し、自然栽培をはじめる。現在、法人全体で休耕地五・五haを借り自然栽培を実施している。そのほか、地元自然栽培農家や企業、学校と連携し農業をすすめている。

（吉田）生真面目で繊細なところと豪快に笑い飛ばすところのバランスが最高なお方。みんなが付いていきたくなるリーダーシップも素敵です！

（里見）わたしには、冷静沈着な人に見えているが、激情型と言う人もいる。そこがおもしろい。

（杉田）いつも人のことを考え、冷静に判断して、熱く実践している。まさに福祉人。歩くのは早く意外と短気な人。

農業や福祉のことは、現場の人の声を聞かなくては話にならない。障害者福祉施設で、農福連携を実践するおふたりにも参加していただいた。

杉田 健一（すぎた けんいち）

NPO法人縁活　常務理事長
一般社団法人農福連携自然栽培パーティ全国協議会（略称：自然栽培パーティ）副理事長、すこいち農園園長／社会福祉士
一九七七年滋賀県生まれ。二〇〇九年特定非営利活動法人縁活設立、グループホームすうほ、たちきの実、二〇一一年おもや（就労継続支援B型）飲食オモヤ☆キッチン開業、二〇一三年自然栽培をはじめる。二〇一七年認定農業者。

（吉田）杉田さんがいるだけで、その場がパッと明るくなる。みんながニコニコ「スギちゃ〜ん」と言いながら寄ってくる。素晴らしい！

（里見）年下からも、「スギちゃん」と呼ばれている。いつも笑っている。貶されても笑っている。笑い飛ばされて、こちらがうなだれる。

（磯部）福祉と農業の話を相談できる頼もしい存在。スギちゃんと軽々しく呼べない。みんなが貶す理由がわからない。ただ何を言っているかわからないときがある。

施設の四割が、農業を手がけていた

里見（以下、里）：農福連携は、いつ頃言われ出したんでしょうか。当然、実態の方が先だったとは思いますが、吉田さん、いかがですか。

吉田（以下、吉）：二〇一〇年頃ですね。わたしたちが研究を開始した二〇〇七年頃、調べてみると農業に障害者がかかわる事例は、全国に一〇カ所ぐらいはあることがわかりました。それらはいずれも、まだ点としての存在でした。調べてみたらもっと出てくるような予感がして、実際に、やっている人にドンドン出会うことになりました。

里：農福連携に、何か期待するものがあったんですか。

吉：わたしの長男に障害があり（先天的な脳の障害である自閉症）、当時七歳でしたので、親とすれば、当然、子どもの将来のことをいろいろ考えるわけです。この子は働けるようになるのだろうか、どんな仕事ができるだろうか。ふと生活の合間に考えたりします。そんなときに、テレビ番組で、ニコニコとたのしそうに農業で働いている障害者の人たちを見ました。これいいっ！て思うじゃないですか。

里：最初は親としての関心からスタートした。

吉：そこから、どのぐらいやってるところがあるんだろうって興味がわいて研究をはじめました。当時、きょうされん[1]熊本支部におられた宮田喜代志さんにお願いして、きょうされんで全国アンケートを実施してもらいました。そうしたら、回答してくれた会員六八二施設の四割が農業を手がけていました。予想外の広がりでした。これは、「実態を知っておかないといけないんじゃないですか」って、福祉関係者にも農業関係の人にも話をし出したのが、事のはじまりでした。

里：「農福連携」という言葉は、まだできてない？

吉：二〇一〇年に、鳥取県で、「農福連携」という言葉を使った事業が行われていました。ただ、「農福連携」という独立した名称には、まだなっていなかった。いまのような「農福連携」という呼び方をするようになったのは、わたしの記憶では、もう少し後になってからだったと思います。わたしの部署（農林水産政策研究所）では、この分野をテーマにした研究成果を二〇一〇年末に発表した際に、「農業と福祉の連携」という言葉を使ったのですが、それでは長すぎるという話になって、「農商工連携」という言葉もあるのだから、「農福連携」でいいんじゃないか、っていうことで使いはじめました。でも、ほかのところですでに使われていたかもしれない。正確なところはわかりません。

里：一〇年経って、いまでは農福連携は一般用語になったと言っていいのでしょうか。

磯部(以下、磯)：日本農業新聞などでもたくさん取り上げられるようになったし、福祉業界にもかなり浸透してきたと思います。一般の人にはまだまだでしょうね。

杉田(以下、杉)：福祉業界は、半分ぐらいの人は、言葉は知っているところまできた。そんな実感です。

障害者がいっしょだと、農業はたのしくなる

里：杉田さんは、障害者福祉施設を運営されていて、福祉から農業への参入ですね。きっかけは？

十分に水を張った。田んぼは田植えを待つばかり

杉：農家の父が倒れて、自分が引き継ぐ。さて、農地をどうするか。農作業なんて、自分でするのん、いやや。どうしよう！

里：それで？

杉：そうや、障害者福祉や、作業所だ！って（笑）。

磯：そんな不埒な動機か。とんでもない（笑）。

杉：父が、心臓を患って、急に弱気になって、「ああ、息子よ、あとは頼んだ」って。心臓の手術を受けるだけやのに、もう死ぬみたいなこと言って。「どんだけ、田んぼあんねん」って言ったら、たかだか五反。ビニールハウスもあるから、作業所ならできるな、と思った。

里：なるほど。それで、農業は俺が担うよりも、作業所で障害者のみんなに押しつけた方がいい、と…（笑）。

杉：ちょっと言い方がえげつない（笑）。もともと入所施設で働いてたときに農業をやって、おもしろかった。B型作業所のおもやをつくって、みんなでたのしく畑作業をしようということになりました。

里：杉田さんに農業経験はあったのですか。障害者や職員に、誰が農業を教えたのですか。

杉：父にも教えてもらいましたが、いろいろな農家の人に聞きまくって、勉強して、いろんな人にも聞きまくって…。

吉：障害者福祉施設で農業をしている人の中には、実家が農家だったからっていう人が結構いますね。

杉：そのパターンは、これからもっと増えてきますよ。

吉：親の農業をそのまま引き継ぐのは気が進まないけど、どうせやるなら、おもしろい農業をしたい、って人には農福連携はいいんじゃないですか。

里：見よう見まねで、障害者の人といっしょに農業してみて、どうでした？

杉：入所施設でやってたときに、重度の人と仕事してたんで、重度の方でも農作業できることは知っていた。スコップで土を起こす作業も、足をのせてぐっと力を入れるのって結構難しい。でもそれが、何回もやると、できるようになっていった。体のバランスとか体重の移動って、発達の中で大事なことやけど、畑の中で身についていったので、いいなあって。流れがわかるようになったら、一人でできるようになる。どんなに重度の方でも、体力があったり、バランスが取れるようになったりしたらできるっていうのを見て、障害が重い軽いよりも、農業やりたい方募集って呼びかけてスタートした。

里：農業をすると、いろんな機能が回復するんですか。

杉：すぐにできるようになる人もいますし、練習してもなかなか身につかない人もいます。それは、障害者だからではなくて、健常者も同じです。特別支援学校で、体力だけはあるが、不器用だと言われてきた人が、農作業でタネを一粒ずつ落とすような、細かいことができるようになりました。さらに、自信を得たのか、「僕はジャムづくりがやってみたいです」と言うようになって、いまは、うちのおもやキッチンでたのしそうに働いてます。学校では農業もできそうもない、料理なんかとんでもない、と言われてきたけれど、「全然ちゃうやん！」って、みんなで言っています。これも、農業のおもしろさですね。

里：農業の何が、おもしろくさせるんですか。

杉：わたしには、農業そのものではなくて、障害者といっしょにやるのが、おもしろいんです。一人でやるのもええけど、わたしは飽き性なんで一時間ぐらいで、「はぁーしんど」ってなる。でもみんなで歌いながら、「何やってんねん、気持ちよう歌ってるな、ええなぁ」とか、声をかけ合いながらやっていると、しんどい気持ちも散っていきます。

室内だと「できないこと」が目につく、畑だと、「できること」が目に入る

吉：畑に来ても何もしないで、長い間ボーッとしていたのに、ある日突然、農作業をできるようになる人もいますよね。

磯：そうです、ある朝突然に、です。急に動き出す。そういうことは多いですね。

吉：何を見ているようにも、考えているようにも見えなかったけれど、本当は僕たちが気づかなかっただけ。じっと見ていて、いろいろ感じていて、やろうっていう気持ちを高めていたんですかね。

磯：わからない。不思議です。作物が育っていくのを見ていたら、自然とかかわりたくなるのでしょうか。風で葉っぱがフワッと揺れたり、感情が揺さぶられたりするポイントみたいなものがあるような気がします。また、障害者だけでなく、僕たち、支援者の気持ちが変わったっていうのもあると思うんです。自然の中だと、ただ座ってる人も、認められる。全員に足並みそろえてやらなければいけない、決められたことをしてもらわなくてはいけない、という意識があんまり起きない。みんなそろっていなくても、イライラしない、あわてない。心にゆとりが生まれるというのか。隣に行って座って、お茶飲んで、「どうですか今日は」とか声をかけられる。そんな関係が築ける。それぞれの人が、観察する。そのペースを大切にする。

里：ボーッとしてるんじゃない、観察している？

磯：そうです。観察できるチャンスも奪ってない。普通、作業もせずに、座ってるだけだったら、「帰った方がいいんじゃないですか」とか言うけど、支援者の方が農業というフィールドだと決まりを押しつける気にならない。昔の自分たちだったら、この人意味ないとか、生産性ないって思ってたかもしれない。でも、いまは、少しずつ変化も感じますし、長い目で見る心が、自分たちの中に出てきたかなあというのは思います。

里：じゃあ、室内でもたれて、ボーッとしているのと、支援者の受け止め方が違う。

三人：違いますね。

杉：畑に転がっていたら、草もくっつくし、バッタをおんぶしているときもある。笑えることも多い。

磯：畑には、小さな刺激がいっぱいある。

里：働かない人を見て、仲間はどう思うの？ どうして俺らだけにやれって言うのか、と言わないまでも、思わないのか。不公平って、組織でいちばんマズイことじゃないですか。

吉：ウロウロしているだけでも、いいじゃない。誰でも、そんなときはあるさ、そういう大らかな受け止め方を感じますね。調査に行って現場を見させてもらっている印象では…。

里：室内の作業だと、違う空気が流れるのか。

吉：畑や田んぼでの仕事がたのしいからじゃないですか。仕事に気持ちがいってるから、フラフラしてる人がいても、なんで？とか気にならない。

杉：室内にいたら、できていないことがすごく気になるんですけど、外に出たらいっしょに働いてる人のことはあんまり気にならなくなりますよね。

里：他人が気になるのは、自分がたのしくないからか。自分を殺して辛抱して仕事をしているから、わたしが我慢してこれだけやっているのに、あの人はなぜ！となるのか。嫉妬ですかね。

自然の営みに託すしかない、支援者の無力さに気づく

磯：うちの施設に、困ってるグループがあったんです。奇声を上げるし、扱いかねる。鉄製ロッカーに囲まれた、閉ざされた感じの空間で、俗にいう内職仕事をしていた。正直、職員も、ヤレヤレ俺たちゃ、こんな重度の人たちを支援するのか、達成感の乏しい雰囲気がこもっているようでした。

ところが、閉ざされた空間から畑に、場所を移すと見事に変わりました。職員も当初は農作業に反発していたのに、急に「めちゃくちゃたのしいです」って言い出して。室内で寝転がってたときは、「仕方ないよね」っていうあきらめ顔

だったのに、草むらの上に寝転がってるの見たとき、「いい活動やってるな」「たのしんでるじゃないか」みたいな気分になったらしい。自然の中だと職員の受け止め方が見事に変わる。

里：約束通りの量を仕上げなくてはいけない。障害者が作業してくれなければ、すべて職員が負うことになる。その支援者のピリピリ感、イライラ感から解放されるせいか。

磯：農業は、支援者が騒いでもどうにもならない。とくに、自然栽培では、作物は作物の事情で育つ。ある種のあきらめ。それが、仕事場の空気を変え、障害者も変えるんじゃないですか。

里：考えてみれば、寝転んでいる障害者がいても、何もしていないだけで、誰の足を引っ張っているわけでもない。

吉：自分に対して何を言われるか気になって、ピリピリしている子は、室内で

田植え機を動かすのは障害者。施設の職員より、誰よりも上手い

は落ち着かなくて仕事にならない。そんな子も、農場に行くとノビノビやれるらしいんです。開放感がみんなに広がる。人と比べられたり、競争したり、そんなことが、外に出ると関係なくなって、自分が気持ちよければいいやって気分になるんじゃないかな。

里：寝っ転がる人は、自分で納得して寝っ転がってる。自分はたのしいから雑草をつんでいる。寝っ転がるのがたのしければ、自分も寝っ転がればいい。人と比べることはない。何も好きでないことを無理してすることもない。支援員も好きでないことをさせる必要はない。みんな、あるがままに。その開放感が農業にはあるんですね。

支援者と障害者が、上下関係から仲間に変わる

磯：名古屋の子どもたちが、うちに芋掘りに来たんですよ。芋の隣の畝にはスナップエンドウを植えるために、きれいに耕起したところがあって、昔だったら耕起したところを走り回られたら、「踏み固めるなよ」と気になってハラハラしていたんです。でも、最近そういうのもなくなって。いいじゃないか、踏まれたら、また耕起すればいい。いのちを取られるわけじゃないし…っていう気になりました。時間がそうさせてくれたんだと思いますが。

　農福連携が、人を変えるんですよ。「無門さん、なんでそんな重度の人も農作業やってるんですか」とか、よく言われるんですけど、みんなの指導力が成長したということよりも、人や仕事への向き合い方が変わったということが大きいんじゃないか、と思います。

里：変えた力は何ですか。

磯：空の下では、人間の関係性はよくなります。自然の中には人間のつくったルールがないから。

里：人間のルールではなく、自然のルールでやると、逆に人間関係がよくなる。そりゃ、深い話です。

磯：いままでは、障害者は支援の対象者でした。上下関係とは言えないが、われわれ職員が仕事を生み出し、仕事の成果を管理する。すべて職員にかかっているというスタンスだったんです。でも、農業の魅力にはまって、福祉というより、農業をいっしょにやっていこうぜ、ってなったときに、障害者と支援する者というよりも、仲間に近くなる。考え方や接し方が大きく変わったという気はしましたね。いままでの仕事のやり方なら、「やらせなあかん」、だから、やってないと、「だめじゃん」ってなる。

吉：授産施設の下請け作業って、もともとそうですよね。せっかく昼間障害

者を預かってるから、何かやらせること見つけないといけない。何もしないよりはいいから安い下請けでもやるかって。目的がとにかく「何かやってもらう」だから、仕事がたのしくない。でも農業は自分でつくって売ったり食べたりするから、そこにたのしさがある。その差はすごく大きい。

杉：それは、僕も共感します。農業をはじめたときは、まだ、仲間じゃなかった。いいものつくって、いっぱい売らなあかんっていう焦りがあった。それは、職員を焦らせることになる。職員の焦りは、いっしょに働いている障害者に伝わる。「なに寝転がってんねん、こんなときに」って。焦ってタネまいたらだいたい失敗する。焦りがタネにまで伝わる。

里：次々つながる。逆に、ゆったり畑の土を耕し、職場の空気をほぐせば…。

杉：たのしんでやったものって、結果絶対によくなるっていうのを、何年かやってたらわかってきます。職員がちょっと心のゆとりをもって、障害者がたのしんでもらえる環境をいかにしてつくるかっていうのがすごく大事やなって学びました。ここ二、三年ずっと思ってますね。

磯：農業って本当はたのしいんですよね。向き不向きがあると思ったんですけど、うちは幸い全員生きるんですよ。役割が一から一〇まであって、一個の内職作業よりはみんなかかわれるし、農業自体のよさにみんなが気づいたというか。農家さんって「農業っていいよ」なんて一言も言わないですよね。孤独ですし。安易に「たのしいところあるじゃないですか」って言っちゃいけない世界。言ったら「なめてんのか」って絶対怒られる。だけどやっぱりその価値観ちょっと変えないと。

農業から、たのしさを奪うものは何か

吉：農福連携って農業の質を変える可能性をすごく感じるんです。兵庫にアゲインという農業大学校の卒業生を各作業班の班長にして、一定期間働いた後に、独立するか施設に残るか決めてもらう施設があります。自分で農業をしてもいいし、職員として残ってもいいけどどうする？って聞くんだそうです。そうすると、かなりの割合で「たのしいから残らせてください」って。一人でやっても孤独でつまらない、大変な仕事が、障害者といっしょにやるとたのしい仕事になる。農業がたのしい産業になってるんじゃないかと。

磯：昔は多分、農業って大勢でやってたんですよね。少しでも関係をもったら、収穫の報告をしたり、つながりができる。

顔が見える生産者になってくるので、うちぐらいの面積だと、地域の中で完結できちゃうかもしれない。つながりが深まると、新たな消費スタイルじゃないですけど、変わってきそうな感じがする。

吉：昔の農村なら、障害者にも居場所があったんじゃないかと言われています。大勢で農業をする中で「おまえはこれやって」とか、何かしらの仕事があったけど、孤立化して、家とか施設に閉じ込められてしまった。共同作業がなくなったせいじゃないかって。

里：機械が入ってきて効率化して、スピードが求められるようになったせいかもしれませんね。

杉：仕事して、いくらになるの、と言うと障害者の働き場所は急に狭まる。働き方に、時給ナンボって答えるのは、難しい。

磯：やっぱり、障壁はおカネです。

杉：利用者が出勤するなり、「やっぱり、もう帰ります」って言ってきたことがあって。「せっかく、電車乗って来たのに、なんで帰るねん」って引き留めて、ちょうど田植え前の網を外した苗があって、飛んでくるスズメを追い払う仕事をやってもらいました。「ここに座って、スズメが来たときパンと手をはたいて追ってくれ、それだけすればいいから」って言ったら、「それやったらできる」ってやってくれました。彼は、手を鳴らしているうちに、調子が出てきて、遠くまで歩いてパン！とするようになった（笑）。彼に向いた新しい仕事が生まれました。でも、五時間分の最低賃金を払えるのかって言われると、無理や（笑）。カネにはなりにくいけれど、毎日のように、農福連携には発見がある。めっちゃおもしろいんですけれど…。

吉：スズメに食べられなかった分の農産物をその人の報酬にすると、すとんと落ちる（笑）。

磯：野中さん（農業法人みどりの里）のところとか、そうですね。なんでも、おカネに換えない。

里：おカネに換えず、物々交換を取り入れている。

磯：うちの施設でも、野中さんのイチゴ栽培で、福祉用語でいうところの施設外就労のようなことを行ってますが、時給では払ってもらっていない。実ったイチゴをもらっています。

里：現物支払いですね。

農福連携で、A型事業所はできるのか

磯：時給はさまたげです。時給千円になると、その分だけ成果を約束しなければいけない。それができなければ、ビジネス関係は長続きしない。長い目で見るという合意はあっても、いずれは切れる。

吉：A型事業所は向かないって言われ

るのはそこなんですね。A型はどうしても最低賃金を出すことから農業に入るから、みんな焦っちゃう。採用人数が決まると、月いくら払わないといけないって決まる。それがものすごいノルマになって、たのしさが薄れる。いつか、たのしさが消えて、おカネだけが残ってしまう。

里：B型ならば、賃金のしばりはない。

吉：B型でも、四万、五万円といった工賃を出している施設もあります。また、安定しておカネを稼げる農産物加工や養鶏といったセクションだけをA型にするというところもあります。

里：賃金の設定の仕方で変わりますね。能力給を加味して、賃金を出しているところと、売上を利用者全員で均等割りするところもある。

磯：うちは、生活介護とB型事業所でやっていますが、全員均等割りです。それぞれ均等割りに近い考えです。

佐伯康人さんのかけ声で、保育園の子どもたちもいっしょに田植え

杉：全体の売上を人数分で割る基本給と、がんばる人には別で加算する、っていうのがうちのやり方です。高い人で月額一〇万円、低い人は五〇〇〇円ほど。出勤日数も違いますが。

里：お二人のところでも違う。金銭感覚のある利用者なら、賃金は多い方がいい。稼げる人は、杉田さんのところの方式がいい。でも、畔で寝転んでいる人には、磯部さんのところの方がいいのか。磯部さんのところでは、よく働いている人から、畔で寝てるばかりの人といっしょの賃金は嫌だ、との声は上がらないのですか。

磯：ないですね。自然の中にいると、それは、空を見てボーッとするな、もっと早く動けなど、人のことがあまり気にならないようになるんじゃないでしょうか。そんなことも、細かいことだ、という気分が広がる

里：狭い空間にいると、人の振る舞いが気になる。ルールから外れたことをする人が、目につく。俺だって、嫌だがルールを守っている。けれど、おまえはどうして守らないんだ、従わないんだと、何でもないことでも気になる、怒りをおぼえるのか。

杉：その価値観の人がいちばん苦しんでいます。でも、いいじゃんそういう人もいて、いっしょにたのしい仕事しようぜっていう環境にもっていった方が、結果おだやかで、仕事もうまいこといきます。農業なら、いけるんです。そのように心がけています。

農業で感謝の心を知った。感謝するたのしさも知った

里：話が飛ぶようですが、津久井やまゆり園の殺害事件の植松(聖)容疑者の心境だと思うんです。おまえより知能が高くて、それなりの大学に行って、努力もして、世の中に合わせようと、自分を殺してやってきたのに、おまえはなんや、そのまま生きて、どうしてみんなから守られるんや。世の中、理不尽、不公平すぎる！

杉：正直、福祉施設の職員で、そういう思いをもってる人っていうのは少なくないと思います。

吉：福祉の職員は、「障害者のための働く場所を確保して指導するのが仕事」ということになっていて、指導する人っていう感覚があるので、どうしても上から目線になっちゃう部分があるのかも。

杉：指導者／利用者だから俺は言う、上下関係から抜けられず、一方通行のコミュニケーションしかできない人は、本当に不幸です。うちのスタッフでもメンバーさん(障害者、利用者のこと)も、人を認めない、仕事のやり方を否定するような発言をしたり、振る舞ったりする人は、すぐみんなに伝わ

る。自分を孤立させる。

磯:うちは、二〇一五年から、自然栽培に切り替えて、自然栽培パーティに参加して、農業に本格的に取り組むようになりました。そのとき、いろいろなことが見えてきました。障害者のこと、施設の事業だけでなく、その活動を通して地域への貢献であるとか、地域の将来のことまで考えるようになりました。おこがましい話なんですが。

どうしてそうなったのか。それは、農業のおかげだと思うんです。それも、自然栽培です。田んぼや畑で農作業をしていると、シアワセな気分になるんです。タネを植え、陽が差し、雨が降り、実がなる。いのちはすべて自然の恵みなんだな。誰にかわからないが、感謝する気持ちがわき起こってきて、感謝ってすばらしいな、と思ったりして…。

里:いい話ですね。磯部さんと同じ職場で働いている女性も、農業にかかわって、利用者と対等な関係になった。とても気持ちがいい、と言ってましたね。いままで、内職仕事をやっていたときは、営業も作業管理も、最終的な作業も、すべて自分。自分がいなきゃ、どうにもならない。それが、自分の誇りにならないで、自分を追い詰めるだけだった、と。

磯:自然の恵みに感謝して生きるって、すばらしいなって。そこに目が向いたときにいろんなルールがなくなってきた。

里:なんか、校則みたいな話ですね。なんと、無意味なルールにこだわっていたのか。いい話が続くなぁ。杉田さん、雰囲気を変えて(笑)。

杉:農業では、みんながタネをまいて育てる。みんなが支援者になろうぜっていうような土台でいきたいんですよね。

里:あれ、杉田さんまで。たしかに上下関係がなかったら、生きるのがものすごく楽な気がする。でも、抜けるのも難しい。

吉:外に出ると、いっしょに何かやってる感、一体感も出てくるんじゃないですかね。

磯:まず、いっしょにやる場面が、増えますね。ただ運ぶだけの人も、ありがたくなりますし。運ぶしかできんじゃん!とか思わないですね。

里:マイナスで見ないで、プラスで見る。

磯:そうです、ありがたい。この前も稲刈りで、入所施設の利用者三、四人と作業してたんです。夜八時くらいまでかかって、最後の脱穀まで仕上げました。さぞや、疲れただろうと思って、「グループホームへ送っていきましょうか?」って言ったら、「一人で帰るからええわ」との返事が戻ってきました。決して、無理しているわけではなさそう。たくましい。気持ちいい。農業って、いっしょになれる。

里:わたしは、会社で上下の差なく、いっしょに仕事している気には、正直なれない。わたしの心の狭さか、すべて、人間の能力の範囲で仕事が完了するためか。農業は、すべては自然の営み。人間はちょっとした介添えですもんね。職員が障害者の人より働けるぞ、といばっても、自然から見れば目くそ鼻くそを笑うみたいなもんですね。

磯：あと、あんまり時間にしばられてない感じがしますね。納期守らないといけないとか、それすらもなくなってきてるのかな。納期守らないわけじゃないんですよ。

里：わかる気もするけれど、農業のせいに何でもしすぎやないですか(笑)。

農業が磁石になって
さまざまな産業を組み合わす

里：いままで、農業を障害者福祉の視点で見てきました。しかし、産業の面から見ると、どうなんでしょうか。農福連携の農業は、大型農業は目指せないですよね。では、どんな可能性があるのでしょうか。やっぱり、吉田さんに聞くしかない(笑)。

吉：アメリカで生まれたCSA(Community Supported Agriculture)に注目しています。大都市の近郊で、有機農産物をつくって消費者と直につながる。アメリカの農業と言えば、日本ではカリフォルニアなどの大規模農業だけが話題になりますが、これは都市農業の一形態ですね。四ヘクタールや五ヘクタールとかでも付加価値の高い農産物で生きていける小さい農家が増えてるらしいんです。そういう農業には、農福連携がどんぴしゃはまるんじゃないですか。みんなで楽しく支え合う農業みたいなね。いまは、自給自足レベルで、まだビジネスにはなりきっていないところも多いですが。でも、コミュニティサポーテッドだから、消費者、買う側の応援団とくっついていけると、農福連携もより広がっていくのかもしれない。

里：それは、都市、消費地に近いから成り立つ農業ですか。

吉：遠くても旅行を兼ねて行ってもいいじゃないかと思っています。イタリアではアルベルゴ・ディフーゾというのが広がりつつあります。集落全部がホテルというスタイルの観光振興です。基本的には地域の飲食店が夕食を出して、農家は地元の料理を出すところもあれば、素泊まりだけの農家もある。いろいろ体験したり交流したりして帰ってもらう。日本でも、農福連携で、収穫祭みたいなのもやっているので、その延長でやれるのではないかと思っています。

磯：そうしたらその人たち買ってくれたりしますよね。

吉：もちろん。その上で、今回は行けないというときには、「ちょっと収穫できた農産物を送って」とかなりますよね。田舎でそういう時間をもったということだけで。

里：農福連携と言いますが、農と福祉だけじゃないですね、連携するのは。

市場が狭くなってくると、単独の仕事ではなかなか成り立たない。町にある産業は、あらゆる産業とつながっていく。その点、農業は大変包容力がある。作物の六次化だけでなく、飲食、福祉、メンタルケア、観光、スポーツなど、何とでもつながっていきます。

杉：農業には、そんなに可能性があるのに、大変だ、という話ばかりが聞こえてくる。とくに、中山間地域での農業は本当に大変な状況です。とても、農福連携だけでは解決できない。とにかく、もっと多くの人に農業にかかわってもらいたい。

里：高齢化だけを嘆いていてはいけない。

さあ、がんばるぞ。雨が降らないうちに

農家の多様化時代をつくろう。兼業農家を育てよう

杉：専業農家だけにこだわってはいけない。兼業農家、週末農業者をドンドンつくる。そのためには、もっと農地を借りやすくしなければいけない。つくったものを学校給食に使ってもらうような活動を自然栽培パーティの会員がいる地域ではじめたい。何しろ、日本全国に一〇〇カ所以上あるのだから。

吉：中山間地域は人がいなくなって、地域で回すのはとてつもなく難しい。うちの研究所でも研究課題にしているのですが、なかなか、いい処方箋は出てこない。

杉：中山間地域の復活みたいな「耕作放棄地の再生」がバーッと取り上げられて「いい取り組みだね」っていう記事も素敵なんですけど、まだ、花火だけ、それも一発花火…。

吉：でも、島根の過疎地域では、おもしろい動きがあるんです。若い人がドンドン入ってきているんです。いまの社会の価値観や都会の生活に違和感を覚えている人とか…。藤山浩さんという方がいて、そのことを「若者の田園回帰」と呼ばれています。その上で、過疎地域に若者がなぜ入ってくるようになったのかを研究されています。こうした動きの理由が研究で解明されれば、ちょっとしたきっかけから大きな流れにしていけるかもしれないので、とてもたのしみです。

杉：うちも栗東で、伝統的なこんにゃくづくりをはじめました。古老に製造方法を教えてもらって、村中の知識や体力を集めて…。めちゃくちゃ大変やけれど、めちゃめちゃたのしい。

吉：「ほら、こういうふうにやればできるでしょ、中山間でも」っていうのを見せてくれれば、やる勇気がわいてくる。杉田さん、お願いしますよ（笑）。

里：中山間で農福連携をつかったモデルってどんなことがあるんですか。

杉：おもやで働いて、その後、独立したければ、農地をお渡しして農業者になってもらう活動をはじめました。専業農家は目指しません。あくまでも兼業農家を増やす作戦です。会社やおもやに勤めながら、週末におもやの畑で野菜を育てて、ときには、おもやの障害者に栽培方法を教えてもらって、気軽に農作業に親しむ。めでたく実った作物の半分、場合によったら七割は学校給食に納める。残りは自分で食べたり、ファーマーズマーケットで売ったりする。

里：栽培方法も販売方法も、さまざまな入り口や出口を用意しておく。

杉：「頑張ったけどダメだった」ということをつくりたくない。どの方法がい

い、悪いもない。

里：とにかく、農業の火を消すな。農業の火が消えれば、町が消える。

杉：はい、農家を増やし、地域の食物を豊かにしていきたい。

吉：その結果として、おもやの職員さんが独立して農家になってもらって、となれば…。

杉：いや、すでに一人いるんです。うちで自然栽培を経験した後、辞めて、じつは専業農家になりました。おもやでやったことで、農家さんともつながりが生まれ、おもやの道具も借りられる。一人でスタートするより、どれだけ心強いことか(笑)。

吉：障害者も卒業させていくけど、職員さんも農家として卒業してもらって、地域に根付かせていければ、いいですね。また新しい若い子を採れる。人を育てる機能も循環していく。これが多角化していくと、加工の仕事をしながら、農業してもらったり。兼業仕事の組み合わせが、いろいろできる。それだけ多様な人を受け入れることができる。いいですね。おもやの仕事をしながら、農家が地域に巣立っていく。

杉：兼業農家が悪いことのように言われたりする。それは、おかしい。農家の後継ぎがやらないのなら、おもやが兼業農家に新しい道筋をつくりたい。

里：兼業農家も、立派な農家だ。おもやは、新しい兼業農家像をつくる、という意気込みですね。では、具体的に、どんなサポートをすれば、日本の農業をおもしろくする兼業農家が出てくるのか。たとえば、『コトノネ』30号で、グリーンファームという産直市場を取材したのですが、そこは、近隣の農家がいつ納品に来てもいい。朝でも夜でも、市場が空いている時間なら。タマゴなら一パックでも、人参なら一本でも、納品する量はいくらでもいい。値段も自分でつける。実際、わたしは取材で、タマゴ一パックを二週間に一回持ってくる方に出会いました。これビジネスじゃなくて、遊びですよね。それでも、堂々と売りに来られる。これなら、いくつになっても、兼業農家を続けられると思うのですが。

事業力と生き方とどちらを見据えるのか

吉：いま「半農半X」って言い方をしますね。農業だけでは田舎では食べていけないから、いろんなコネクションをつくって暮らしていこうっていう人たちが。Xの方をどうつくるかが課題なんですけど、地域資源をうまく生かすことがポイントですね。

杉：若い人と話をすると、「僕は、僕が自分らしく生きるための一つとして、仕事がある」という感覚。だから、まず、「おまえは、わたしは、どう生きるか」っていうふうに問われる。有意義に生きるための仕事が一つあって、それと、農もあります、みたいに組み合わせる。そういう人たちが増えていったらいいっていうのが「半農半X」にはあると思います。

里：自然栽培パーティそのものが、半Xつきの農ですね。

杉：自然栽培パーティの農は、生き方としてのXがついている。農だけなら、「ナンボ栽培して、ナンボ売って、ナンボ工賃上げるか」って言った瞬間に、窮屈になる。われわれは、そのバランスを取りながらやってるんです。

吉：農福連携って二種類あっていいと思っています。「どうだ、スゲーだろ、障害者だってこんなスゲーのつくっちゃうんだぞ」っていうバリバリの農業をやっている農福があっていいし、その一方で生き方的な農福があってもいい。

杉：どっちもあって、たどりつくのが、農「業」じゃなくて、「農」の新しいいろいろなあり方っていうのを大切にしたい。

吉：その一方で、農福連携でAIを実装した大規模農業も登場するかもしれない。ごちゃごちゃになったら、たのしい。

杉：そうですね。いろいろな農と業、それに、地域の特徴がからんで、どれだけの色が生まれるのでしょう。

吉：磯部さんのところは、すごい農業スタイルが生まれていますね。『コトノネ』26号で知りましたが、ベテランの農家、新規就農者、それに、磯部さんたちの障害者福祉の施設も参加して、ゆるやかな組織をつくって活動されている。このスタイルは、これから増えるんじゃないですか。弱点をお互い補っていますね。

磯：農業と福祉が地域をおもしろくしていくことを実感しています。農家はドンドン減っていき、障害のある人は増えてくる。そのとき、いまの社会の排除の基本構造でやっていけるのか。

じつは、おカネ儲けを言えば、うちはシイタケだけをやっていた方が、いいんです。儲かります。しかし、シイタケは、ビジネスだが、僕たちには農業とは思えない。

ビジネスはおカネや生産性が優先される。そこからは何も生まれないのではないか。ただ、この人はいい、この人はいらない、と人の選別が進むだけです。この重圧から脱したい。

吉：シイタケも、一応、農業（正確には林業）なんですけど（笑）。

畑に実ったオクラ、好きなだけ、摘んでいって

磯：シイタケのハウスを増やしていくと、工賃は上がるけど、地域がおもしろ

くなるかって言うと、そうではない。
里：障害者福祉の仕事は、仕事を通じて、おカネを儲けることではなく、まず、障害者福祉、さらに、地域福祉を通じて障害者福祉を達成することだ、とわたしも思います。シイタケは地域福祉にも障害者福祉にも結びつかないということですね。おカネを通さないと。
磯：シイタケでは、同じ福祉課題と農業課題が出てくる。何も解決できない。だから、生きてく仕組みをつくった方がいいのではないかなと。ビジネス的でない、人が生きていく仕組み。おいしい食べ物を環境に負荷なくつくる仕組みとか、物々交換とか。必ずうまくいくとは思わないですけど。うちとしては、物々交換の時代だなと。そこにちょっと賭けたい。あといま、豆腐屋さんを復活させたいと思っていて。ビジネス的なイメージじゃなくて、一昔前の貧しい者でも満

水の流れを調節する

足できた、豆腐だけでもおいしいなって食べられた。その頃ってやっぱり良かったんじゃないかって。

吉：田園回帰の延長線上にあるような気がしますね、その話は。

磯：自分たちが農業のたのしさとありがたさを追求してやっていくと、自然に答えが出てくるんじゃないかな。三反の田んぼで何人が生きていける仕組みか。一反でお米いくら採れるかなんてみんな知らない。ボランティアの人も「これで米が三〇〇キロも採れるの？」って驚くんですよね。家庭菜園でオクラやってるんですけど、うちの奥さん、びっくりしてますよ。五、六粒のタネで毎日こんなに採れるの？って。そうやって生活を実感できた方がいい。町の中にオクラ畑をつくって、あそこに行けば食い物があるっていうように言われたら、たのしい（笑）。

里：ただで、食えるぞって（笑）。何があっても、生き延びられる。これぞ、パラダイス。

杉：うち体験農園では、もうやっていますよ。アスパラガス農場では、自由にお採りくださいって言ってます。パッと見は、草ぼうぼうやけど、探せばアスパラガスがある。

磯：自然って本来そういうもの。そこを入り口にして、農業はいいよねって入ってきてくれればいいね。たのしくて、ついつい足が向く仕組み。頭で考えると、期待する。すると期待と違うので挫折する。そうじゃなくて、豆腐食べて、大豆のタネ二粒でこんだけでできたよ、って言い合うたのしさ。

里：失敗を共有するたのしさですね。

杉：事業にしなきゃってなったときに、事業を続けていくのが目的になる。でも、自然発生的に生まれて、いいと思ったものを、みんながいいからやっていって、それが広がっていく感じでいきたいです。

里：仕事は遊びじゃないよ、と言われそう……。

杉：いや仕事こそ、遊びじゃなきゃ。

吉：オランダのケアファームをうまく日本に入れられたら、それができると思うんですよ。オランダでは、障害者に気持ちよく農園で農業をしてもらって身体や精神に良い効果が出るということで、農園に国からおカネが出る。重い障害の人は、「自分がこんなものがつくれるのか！」ってモチベーションが高まるし。これがやれると、そういう部分がスコーンと抜けるような気がします。

磯：農業に触れる機会を増やす感じですかね。

吉：日本でも、体験農園で市民の中に障害者も交ざってもらうのは、はじまってるんですよね。でも、そこに公的な支援は全然入ってないから、おカネが回るようにしてくれると、たぶん広がっていく。

杉：食べ物を採るのってみんなすごく喜びますよね。農業体験に来て、「キュウリどうぞ」ってあげたら、今度は向こうが里芋くれて。このやりとりいいな、と。もっと触れてほしい、もっとたのしんでほしいなって。おもしろいし、無理なくやってるので、続くんだと思います。

農家も企業も福祉も、支え合って生きる

里：取材していたら、みんなやりたがりますよ。土触りたいし、匂いも嗅ぎたい。自然栽培パーティで「一反パートナー」といって、企業から、コメ一反分の農作業費を前払いしてもらう仕組みがあります。そこで、社員のご家族もいっしょに参加してもらって、田植えや稲刈りをやりますが、一回やっただけでも、障害者と家族や子どもとの垣根がなくなる。田植えで、ツルッと滑って田んぼに転がったら、みんなで大笑い。その笑いで、みんな仲間になりますね。

吉：こころみ学園って障害の重い人が多い施設なんですよね。でも、みんなでぶどうをつくれている。ほかの施設では受け入れてもらえなかった人たちが同園に来て、働いている。ときどき障害の重たいお子さんの親御さんから、ご相談が来るんですよ。「紙漉きとかパズルみたいな反復作業じゃなくて、障害が重たくても、作業をしてちゃんと『つくってる』って実感できるのは、農業じゃないか。うちの子がやれるような農業やってるところを知りたい」って。生活介護レベルの方でも、農業では生産的な作業ができるじゃないですか。それが本人もわかる。

里：かなり重度の人の仕事もある。それも強みです。

吉：もちろん、障害の軽い人に向いている農業もあります。浜松で、伊藤忠テクノソリューションズの特例子会社「ひなり」がはじめた障害の軽い人たちがバリバリの担い手の農家の手伝いをして回るという農業があります。特例子会社業界では、「ひなりモデル」と呼ばれているようです。これはこれでありかなと。「JALサンライト」や「パーソルサンクス」といった大手企業の特例子会社もはじめていて、ドンドン広がっています。多様化して、幅が広がってきているのがいいなあと思うんですよね。いろんなやり方があって、いろんないいところがある。お二人だって全然違う取り組みだし、それぞれおもしろい。

里：そういう意味では、点であった事業を、農福連携という名前をつけて、面に感じさせた功績はものすごくでかいですね。コンセプトを感じさせ、ムーブメントにする力がある。

吉：あと、みんながつながり出してますよね。自然栽培パーティもそうなんだけど。情報交換したり、問題を議論したり。これすごく大事だと思うんですよね。

　磯部さんのところは農家とくっついたけど、最近は企業と福祉法人がくっつく事例が出てきた。京丸園さんには特例子会社が手伝いに入ってる上に、B型事業所からの援農の受け入れもはじまって、複雑につながり出してますよね。ハートランドさんも、農業団地で最初は孤立した形で水耕栽培やってたんですけど、いま六つの福祉施設から障害者が援農という形で入ってる。企業の力も大事です。これからはもっとさまざまな連携が生まれると思ってます。

杉：おもやでも、農家さんが三つ集まって、一二ヘクタールの玉ねぎの根っこと葉っぱだけ切る仕事をやってほしいって声をかけてくれて、受けたんです。ちゃんとできました。そしたら、今度六ヘクタールにするからって言ってもらった。ありがたい。でも、おもやだけではできなくなって、JAに相談を持ちかけて、六つぐらいの福祉事業所が集まって、共同で受けました。

　そしたら、今度は農家さんが、倍にしたいって言ってくださって。農家さんはたくさんつくってたくさん売りたい。でも福祉側は、これ以上やったら利用者さんが大変だから尻込みする。企業、農家などビジネスをするところと、福祉サイドとのギャップが出て、尻すぼみになることが、課題です。

就労困難者の連携の受け皿になる

里：障害者だけでなく、多様な就労困難者の受け皿としても、農福連携は期待されています。そんな組織をソーシャルファームと呼ばれていますが。

吉：発達障害の人って生活困窮だったり引きこもりだったりする人も多いんです。福井県のピアファームさんは、昔一二人中一一人が知的障害だったんですけど、いまは五割ぐらいで、四割弱が発達障害者、生活困窮者、引きこもりです。多摩草むらの会も、三割が発達障害で精神障害の手帳を取得している人たち。多様性のある発達障害の人たちが入ってきて、現場はドンドンごちゃまぜになってきている。知的な遅れのない発達障害者の方々には障害者手帳を取るのに抵抗のある人もいる。でも、そういう人たちにとっても、農業は入りやすくなっているようです。ゆくゆくは、そうした人たちも障害者も、そして高齢者や子どもたちも、ごちゃごちゃに交ざり合ってほしいですよね。それが広がったら、制度もきっと後追いして応援してくれると思うので。ごちゃまぜの世界が実態だとなったらいいなと思ってます。

杉：そうです、ごちゃまぜの村をつくりたい。グループホームで、僕もスタッフもいっしょに暮らす。近くにはおもやのキッチンもあって、そこで飲食して、農場もあって、仕事場もある。

　田村一二さんが滋賀県で茗荷村構想に動き出したのは五〇代。本気でともに生きるには、コミュニティつくっていかないと、あかんのちゃうかなあって、強く思い出しています。はじめて言うんですけど、衣食住の話になって、衣は洗濯だ！　コインランドリーだと思って。毎日使うもので、仕事を一つもって、衣食住が成り立つような場所ができたら素敵だなってていうのを、いま妄想してます。

吉：食の場をもってるのはすごく大きいと思います。京都大学の藤原辰史先生が、その著書の『戦争と農業』で、外で食べる場所を再設定しないといけないと主張されています。先生から、今こそ、家庭の外で食べる場所を設定し、高速の食料生産消費廃棄装置に対抗する拠点にしていくという話を伺って、ふと、福島のこころんさんやおもやさんのカフェ・レストランのことを思い出しました。実際に、そこで人がつながってるじゃないですか。そして、そういうカフェやレストランが、先生が主張されているような情報集積の場所になり、暮らしのアイデアを見つけ出す創造の場所になり、何より息抜きの場所になっていくと思うんですよね。

杉：食は絶対ですね、食はコミュニティをつくると思います。京都大学の山際壽一先生は、ゴリラは家族でごはんを食べると。採ってきたものを分け与えて食べるっていう社会があるけど、最近の社会はサル化してると話されていました。いっしょにご飯食べると、意外といろいろ見えてくるのに。

磯：農業をすると、食はもちろん、生きていくことにみんなが向き合いますよね。それが、農業の福祉的な力っていうか。みんなで「カブが採れたね、おいしいね」っていうことで満足できる。そこには障害者だからできないとか、そういう尺度が消えていく。

里：農業は食、食はいのち。とてもシンプルな生活感に戻してくれますね。働き方のスタートラインを教えてくれる話を伺えました。

（1）成人期の障害者が、地域で働く、活動する、生活することを応援する事業所の全国組織。

あとがき

吉田　行郷

「はじめに」でも紹介しましたが、今回は、今が農福連携という取り組みが、大きなムーブメントになりつつある節目を迎えているという想いから、「これまでの農福連携、これからの農福連携」というタイトルで文章を書かせていただきました。後で振り返った時に、「確かにそうだったね」となれば嬉しいですが、ひょっとすると私の予想を超えて、これから農福連携はとんでもない飛躍的な進化を遂げるかもしれません。そのくらい取り組まれている方々の熱意や情熱が半端でないことを、この分野での研究や講演活動を続ける中で日々実感しています。

また、今回は、農福連携のこれまでの動きを歴史的に総括して、今後どうなっていくのかを考えることに主眼を置いて文章を書かせていただきました。このため、現場からの生の声を集めるというより、農福連携というムーブメントを俯瞰して見た上で、関係者の皆さんにお伝えしたいことをまとめました。ですから、障害がある当事者の皆さんや、私もその一人の訳ですが、障害児の親御さんには、読み終えた後に少し物足りない部分があるのではないかと思っています。やはり、そういう方々は、自分や自分の子供の障害と農作業との関係はどうなのか。苦労している障害特性と相性がいい作業が農業分野にはあるのか。障害があっても農業の現場でやり甲斐や居場所感を見いだすことができるのか。そういうことに関心が高いのではないかと思います。これまでも、自閉症スペクトラムと農業、精神障害と農業、知的障害と農業、そんな切り口から話をして欲しいと頼まれて、実際にできるだけそうした視点から資料をまとめてみたりはしてきました。中には、「精神科医に限って、『精神障害者に農業はできない』と思っている人が多い。それを覆して欲しい」などと依頼されて、精神障害関係の学会に意気込んで乗り込んだこともありました。しかし、こうした視点からの研究は、医学の専門家の力も借りねばならず、まだまだ途上という感は否めません。今後は、障害特性と農作業との相性や農作業を行うことによる障害者への効果にも着目した研究を進めることで、障害のある当事者の皆さんや障害児の親御さんにも、将来の選択肢として農業という魅力的な仕事があることをいずれお伝えできるようになればと思っています。

最後に、「はじめに」でも書きましたが、私と農福連携との出会いは横浜市の「グリーン」を取り上げたＮＨＫのテレビ番組だった訳ですが、その「グリーン」の施設長を当時されていた石田周一さんに研究を始めてほどなくお会いできて（正確に書けば押し掛けてですが）、福祉の世界をまだよく知らなかった私や同僚の研究員を鍛えていただき、その後、研究を進めるに当たって大きな力を頂戴しました。また、研究を始めるに当たって、どこから始めたらいいかよく分からなかった時に、私や同僚の研究員に対して、調査先の紹介や参考になる文献の推薦などの面で、現日本農福連携協会顧問の濱田健司さんにも大きなご支援を頂戴しました。そして、その取り組みの素晴らしさに腰を抜かしそうなくらい衝撃を受けた「社会福祉法人こころん」の施設長の熊田芳江さん、福祉サイドからの取り組み方の理想的なあり方を示していただきました「NPO法人ピアファーム」の所長の林博文さん、農業サイドから農福連携に取り組まれたフロンティアであり、今なおフロントランナーでもある「京丸園」の代表取締役の鈴木厚志さんといった方々とも長いお付き合いになり、色々な面で支えていただきました。さらに、企業による農福連携の取り組みについて研究をする機会をいただき、その後も、貴重な情報をいただきました「ひなり」の農福連携モデル立ち上げ当時の社長だった高草志郎さんには、いくら感謝してもしきれません。そして、本文でも紹介させていただきましたが、残念ながらまだ『コトノネ』の誌面では紹介されていない「こころみ学園」の施設長の越知眞智子さん、「おおもり農園」の代表の大森一弘さんの素晴らしいお人柄を、いつか『コトノネ』が紹介してくれることを願っています。そして、このような文章を書かせていただく機会を頂戴しました『コトノネ』の里見喜久夫編集長とも振り返ってみれば、農福連携の現場、しかも自然栽培の発祥の地での調査がご縁で出会えました。このほかにも、研究や講演活動を通じて、たくさんの素晴らしい方々との出会いがありました。本当にありがたいことだと思っています。今回の執筆は、農福連携を通じてつながった多くの方々とのご縁を改めて振り返るとても良い機会になりました。皆さん、本当にありがとうございます。そして、これからもよろしくお願い致します。

おわりに

里見 喜久夫

この本は、吉田行郷さんがいなければできなかった。吉田さんそのものが、「農福連携」の人だった。吉田さんは、農林水産省に勤める農業研究者です。そして、プライベートでは、吉田さんのご長男は自閉症です。わが子の生き方や働き方を探るなかで、ご自分の本業と障害者の仕事がつながっていることに気づかれた。研究者魂と父親としての思い、二つが結びついたのだから、農福連携の現状や未来の可能性に熱心に取り組まれるのも自然なことだろう。農福連携を語るのに、これ以上心強い人はいない。

この本では、吉田さんに、農福連携を多角的に見渡して、整理していただいた。その情報と分析、提言をベースに、農福連携の中でも、自然栽培に絞って活動される障害者福祉の人にもお力を借りた。自然栽培パーティの理事長を務める磯部竜太さん、同じ団体で副理事長の杉田健一さん、お二人も加わっていただいて、吉田さんとわたしの四人で意見を交わした。現場を取材や調査する人間と、現場で障害者とともに活動する人間の視点が合わさり、実感に富む情報になったと自負している。

さらに、農福連携の事例として、季刊『コトノネ』で掲載した記事を活用した。主にふたつのシリーズ「農と生きる障害者」「自然栽培パーティ」から選んだ。丹念に取材して原稿にまとめてくれた編集スタッフにも感謝したい。いや、それよりも、快く取材に協力いただいた方々に、お礼を申し上げたい。ごく一部しか転載できなかったが、『コトノネ』を発行して八年の歳月が過ぎたことがなつかしく実感できた。

日本の高度経済成長とともに、農業は影が薄くなった。それまでは、農業が日本を代表する産業であり、文化だった。逆に、障害者福祉は、徐々に社会にその存在が認められるようになった。存在感が薄れる農業と、やっと存在感が出てきた障害者福祉が、農福連携として出会った。

いま、その農福連携の船には、高齢者もニートも引きこもりも触法の人も、シングルマザーも外国籍の日本在住者も、多様な生きづらさ働きづらさを抱えた人が乗り込もうとしている。新しい視点から、農福連携を生み出していく必要がある。

農福連携によって、農業は産業であることを越える。国連が提唱するＳＤＧｓの精神「誰一人取り残さない」社会をつくることこそ期待したい。

農福連携が農業と地域をおもしろくする

吉田 行郷（よしだ ゆきさと）
農林水産政策研究所 企画広報室長

磯部 竜太（いそべ りゅうた）
社会福祉法人無門福祉会 事務局長
一般社団法人農福連携自然栽培パーティ
全国協議会(略称:自然栽培パーティ)理事長

杉田 健一（すぎた けんいち）
NPO法人縁活 常務理事長
一般社団法人農福連携自然栽培パーティ
全国協議会(略称:自然栽培パーティ)副理事長

里見 喜久夫（さとみ きくお）
季刊『コトノネ』編集長
一般社団法人農福連携自然栽培パーティ
全国協議会(略称:自然栽培パーティ)副理事長
NPO法人就労継続支援A型事業所全国協
議会(略称:全Aネット)監事など

〈季刊『コトノネ』編集部〉
田中 勉・平松 郁・杉本 千春

〈表紙イラスト〉
小俣 裕人

〈デザイン〉
小俣 裕人・松本行央

〈撮影〉
岸本 剛（P47~P61 及び下記以外の全写真）
河野 豊（P6、78~86、112~120、162、235~255）
中 乃波木（P14・15、214~221）
中原 了一（P8）
山本 尚明（P9）
吉田 行郷（P42・43）

取材先	所在地	事例掲載	コトノネ掲載号
株式会社千葉農産	千葉県		20
NPO法人土と風の舎こえどファーム	埼玉県		
社会福祉法人つばさの会	石川県	●	28
NPO法人手と手みのり彩園	北海道		31
企業組合とちぎ労働福祉事業団ソーシャルファーム長岡	栃木県		9
NPO法人ドリーム・プラネット	岡山県		
社会福祉法人なのはな村	宮崎県		15
社会福祉法人南高愛隣会	長崎県		
合同会社農場たつかーむ	北海道		
株式会社パーソナルアシスタント青空	愛媛県	●	10
パーソルサンクス株式会社	東京都		
ハートランド株式会社	大阪府		
農業生産法人ハートランドひろしま	広島県		
社会福祉法人はらから福祉会	宮城県		17
障害者福祉施設晴れの国	岡山県		
NPO法人ピアファーム	福井県		
株式会社ひなり	静岡県		13
百姓百品グループ	愛媛県		32
NPO法人フェアトレード東北	宮城県		17
社会福祉法人福祉楽団	千葉県		24
NPO法人ほっぷの森	宮城県		3
社会福祉法人梵珠福祉会	青森県		7
美岳小屋	愛知県	●	26
農業生産法人みどりの里	愛知県	●	26
社会福祉法人みなと福祉会わーくす昭和橋	愛知県		29
社会福祉法人無門福祉会	愛知県	●	16・26
社会福祉法人めひの野園	富山県		
NPO法人杜の家	岡山県		
社会福祉法人八ヶ岳名水会	山梨県		
NPO法人山脈	群馬県		
就労支援やまびこ農苑えぼし	長崎県		27
社会福祉法人優輝福祉会	広島県		9
社会福祉法人ゆずりは会障害福祉サービス事業所菜の花	群馬県	●	23

本書と季刊『コトノネ』に登場した農業の実施団体一覧（50音順）

取材先	所在地	事例掲載	コトノネ掲載号
社会福祉法人青葉仁会	奈良県		22
NPO法人アゲイン	兵庫県		
社会福祉法人いぶき福祉会	岐阜県		22
株式会社岩の原葡萄園	新潟県		21
NPO法人UNE	新潟県		21
株式会社えと菜園	神奈川県	●	23
NPO法人縁活おもや	滋賀県	●	11
株式会社おおもり農園	岡山県		
有限会社岡山県農商	岡山県	●	18
沖縄SV	沖縄県	●	19
合同会社かがやき	沖縄県		14
公益財団法人喝破道場	香川県		22
株式会社金沢ちはらファーム	石川県		16
株式会社菅野農園	岩手県		
株式会社九神ファームめむろ	北海道	●	19
社会福祉法人京都聴覚言語障害者福祉協会さんさん山城	京都府		
農事組合法人共働学舎新得農場	北海道		8
京丸園株式会社	静岡県	●	13
社会福祉法人くりのみ園	長野県		21
社会福祉法人グリーン	神奈川県		
産直市場グリーンファーム	長野県		30
企業組合労協センター事業団国分地域福祉事業団ほのぼの	鹿児島県		20
社会福祉法人こころみる会こころみ学園	栃木県		
社会福祉法人こころん	福島県	●	3・30
埼玉復興株式会社	埼玉県		25
さんすまいる伊都＆いとキッズ	福岡県		18
株式会社JALサンライト	東京都		
社会福祉法人白鳩会	鹿児島県	●	12
農業生産法人株式会社GRA	宮城県		17
株式会社ストレートアライブ	愛知県	●	26
社会福祉法人「ゼノ」少年牧場	広島県		15
合同会社ソルファコミュニティ	沖縄	●	14・19
NPO法人多摩草むらの会	東京都		11

農福連携が農業と地域をおもしろくする

二〇二〇年一月三一日 第一刷発行
二〇二〇年三月六日 第二刷発行
二〇二〇年十二月四日 第三刷発行
二〇二三年十一月三〇日 第四刷発行

著者 吉田行郷
里見喜久夫
季刊『コトノネ』編集部

発行者 里見喜久夫
発行所 株式会社コトノネ生活
東京都目黒区上目黒二-九-三五 中目黒GS第二ビル四階
電話 〇三-五七九四-〇五〇五
http://kotonone.jp/

印刷・製本 株式会社広英社

ISBN 978-4-907140-31-1 C0036

本書に関するご意見ご感想は季刊『コトノネ』編集部までお寄せください。
電話：〇三-五七九四-〇五〇五 email:uketsuke@kotonone.jp